**Samir Khamel**
**Nouredine Ouelaa**
**Khaider Bouacha**

**Les phénomènes physiques mis en jeu lors du tournage d'un acier traité**

Samir Khamel
Nouredine Ouelaa
Khaider Bouacha

# Les phénomènes physiques mis en jeu lors du tournage d'un acier traité

## Tournage de l'acier à roulements AISI 52100 durci à 60 HRC avec l'outil CBN 7020

Presses Académiques Francophones

Publisher:
Presses Académiques Francophones
is a trademark of
International Book Market Service Ltd., member of OmniScriptum Publishing Group
17 Meldrum Street, Beau Bassin 71504, Mauritius

Printed at: see last page
ISBN: 978-3-8416-3471-9

Zugl. / Agréé par: Guelma, Université 08 mai 1945 / Algérie, 2014

à mes Parents

à ma Femme

à mes Fillettes

à toute ma Famille

Et surtout à tous mes amis : Khaider Bouacha


Je dédie cet humble travail

# REMERCIEMENTS

Je tiens d'abord à remercier, Monsieur le Professeur Ouelaa Nouredine d'avoir accepté de diriger le présent travail et de m'accueillir dans le Laboratoire de Mécanique et de Structure (LMS) à l'Université 8 Mai 1945 à Guelma.

Je remercie le personnel du département de Génie Mécanique de l'Université de 08 Mai 1945 Guelma.

Je remercie surtout, tous ceux qui m'ont aidé à réaliser ce travail :
mon ami abou yazan.

# RÉSUMÉ

Le présent travail concerne d'abord, une étude expérimentale sur le tournage dur de l'acier à roulements AISI 52100 durci à 60 HRC avec l'outil CBN. Les principaux objectifs sont d'abord concentrés sur l'étude du comportement à l'usure de l'outil en fonction du temps de coupe pour différentes combinaisons des paramètres d'usinage. D'autre part, les effets des paramètres de coupe (vitesse de coupe, avance et profondeur de coupe) sur les variables de sortie (la tenue, la rugosité de surface et les efforts de coupe) sont étudiés et modélisés. Les efforts de coupe et la rugosité de surface sont tous deux mesurés à la fin de la durée de vie de l'outil qui correspond à VB = 0,3 mm. Troisièmement, les relations entre les variables de sortie et les paramètres de coupe, y compris le temps de coupe (t) sont analysées et modélisées. Les effets combinés des paramètres de coupe sur les variables dépendantes sont étudiés tout en employant l'analyse des variances (ANOVA). Les modèles RSM et ANN sont développés pour prédire les paramètres de coupe. La technique d'optimisation de désirabilité composée associée aux modèles quadratiques de RSM est utilisée comme méthode d'optimisation multi-objective pour trouver les valeurs des paramètres de coupe qui optimisent simultanément les variables dépendantes. En second lieu, un système de surveillance de l'usure des outils de coupe en tournage dur basé sur un modèle neuronal à architecture optimisée est proposé. Les approches expérimentales et statistiques proposées semblent être des méthodologies fiables pour modéliser, optimiser et améliorer le processus de tournage dur. Elles peuvent être étendues pour étudier efficacement d'autres processus d'usinage. Le taux de réussite supérieur à 94% témoigne de la robustesse et la précision du modèle proposé pour la surveillance de l'usure des outils de coupe.

**Mots clés:** Tournage dur, Usure d'outil, Efforts de coupe, RSM, ANOVA, réseaux de neurones, vibration.

# ABSTRACT

The present work concerns an experimental study of hard turning with CBN tool of AISI 52100 bearing steel, hardened at 60 HRC. The main objectives are firstly focused on investigating tool wear behavior versus variations of cutting time for different process parameters combinations. Secondly, the effects of process parameters (cutting speed, feed rate and depth of cut) on performance characteristics (tool life, surface roughness and cutting forces) are investigated and modeled. Both of cutting forces and surface roughness are measured at the end of useful tool life which corresponds to VB = 0.3mm. Thirdly, the relationships between performance characteristics (tool wear, surface roughness and cutting forces) and process parameters, including the cutting speed (Vc), feed rate (f), depth of cut (ap) and cutting time (t) are analyzed and modeled. The combined effects of the process parameters on performance characteristics are investigated while employing the analysis of variance (ANOVA). The RSM and ANN models are developed for predicting process parameters. The composite desirability optimization technique associated with the quadratic models of RSM is used as multi-objective optimization approach to find the process parameters values that optimize simultaneously the performance characteristics. Secondly, a wear monitoring system of cutting tools in hard turning based on an ANN model having an optimized architecture is proposed. Experimental and statistical approaches proposed seem to be reliable methodologies to model, optimize and improve the process of hard turning. They can be extended to study other machining processes efficiently. The success rate over than 94% demonstrates the robustness and accuracy of the proposed for cutting tool wear monitoring.

**Keywords:** Hard turning, tool wear, cutting forces, RSM, ANOVA, neural networks, vibration.

# الملخص

هذا العمل يحتوي أولا، دراسة تجريبية على التشغيل الصلب للفولاذ المدحرجات AISI
52100 ذو الصلابة HRC 60 بواسطة أداة CBN. وتتركز الأهداف الرئيسية في المقام الأول
على دراسة سلوك بلاء أداة القطع وفقا لمدة القطع لمختلف التركيبات الخاصة بمعلمات القطع. من ناحية
أخرى، آثار متغيرات القطع (سرعة القطع والتغذية وعمق القطع) على متغيرات الخروج (مدة
حياة الأداة، خشونة السطح وقوى القطع) تمت دراستها و نمذجتها. ان قوى القطع وخشونة السطح
كلاهما يقاس في نهاية مدة حياة الأداة المقابلة لـ VB = 0.3 مم. ثالثا، تم تحليل و نمذجة العلاقة
بين معلمات القطع و متغيرات الخروج، بما في ذلك الوقت (t). تمت دراسة الآثار المشتركة
لمعلمات القطع على المتغيرات التابعة باستخدام تحليل التباين (ANOVA). تم اقتراح نماذج
RSM و الشبكات العصبية (ANN) للتنبؤ بمعلمات القطع. استعملت تقنية الأمثلة للإجابات
المرغوبة المركبة مقترنة بالنماذج التربيعية لمنهجية سطوح الاستجابة (RSM) كطريقة أمثلة
متعددة الأهداف لإيجاد قيم معلمات القطع التي تسمح بالحصول على المثالية القيم للمتغيرات
التابعة وهذا في نآ واحد. تم اقتراح نظام لرصد بلاء أدوات القطع في الخراطة الصلبة، و الذي
يستند على نموذج الشبكات العصبية ذو بنية مثالية. من الواضح أن المقاربات التجريبية و
الإحصائية المقترحة تعتبر منهجيات يمكن الإعتماد عليها لنمذجة، أمثلة و تحسين عملية الخراطة
الصلبة. كما يمكن توسيع هذه المنهجيات بفعالية إلى عمليات أخرى. إن نسبة النجاح التي تفوق
94% تشهد على متانة و دقة النموذج المقترح لمراقبة بلاء أدوات القطع.

**كلمات البحث** : الخراطة الصلبة، بلاء أداة القطع، قوى القطع، منهجية سطوح الاستجابة RSM،
ANOVA ، الشبكات العصبية، الاهتزازات.

# Nomenclature

| | |
|---|---|
| **Vc** | Vitesse de coupe (m/min) |
| **f** | Avance (mm/tr) |
| **ap** | Profondeur de passe (mm) |
| **α** | Angle de dépouille (degré) |
| **χ$_r$** | Angle de direction principale (degré) |
| **γ** | Angle de coupe (degré) |
| **λ** | Angle d'inclinaison d'arête (degré) |
| **Ra** | Ecart arithmétique moyen (μm) |
| **Fa** | Effort d'avance (N) |
| **Fc** | Efforts de coupe tangentiel (N) |
| **Fp** | Effort de pénétration (N) |
| **HRC** | Dureté Rockwell (HRC) |
| **X$_i$** | Paramètre de coupe |
| **a$_j$** | Coefficients des termes lineaires |
| **a$_{ii}$** | Coefficients des termes quadratiques |
| **a$_{ij}$** | Coefficients des produits des termes |
| **VB** | Usure en dépouille (mm) |
| **ANOVA** | Analyse des variances |
| **RSM** | Méthodologie de surface de réponse |
| **DL** | Degrés de liberté |
| **Seq SS** | Somme des carrés séquentiels |
| **Adj SS** | Somme des carrés ajustés |
| **Adj MS** | Moyenne des carrés ajustés |
| **PC%** | Pourcentage de contribution (%) |
| **R$^2$** | Coefficient de détermination |
| **MSE** | Erreur quadratique moyenne |
| **MAPE** | Moyenne des pourcentages d'erreurs absolues |
| **AE** | Erreurs absolues |
| **Tansig:** | Fonction de transfert de type tangente sigmoïde Hyperbolique |
| **RNA** | Réseau de neurones artificiel |

# LISTE DES FIGURES

# TABLE DES MATIERES

# INTRODUCTION GENERALE

Depuis son existence sur terre l'homme s'est toujours montré le plus fort, il doit sa supériorité à son cerv .... ,. i ne cesse de se développer grâce à sa main. Ainsi, est né l'outil qui a permis à l'homme de dominer la nature et la matière.

Depuis le début du $19^{ième}$ siècle, l'évolution technologique et industrielle a pris un essor vertigineux dans tous les domaines. Dans les technologies employées aujourd'hui pour produire, le processus de fabrication comporte surement une opération d'usinage destinée à réaliser une pièce, une machine ou un outillage demandé.

Ainsi, l'histoire industrielle de notre civilisation est en partie liée à l'évolution de l'usinage et nous constatons que, depuis deux décennies l'usinage connaît une évolution très rapide à travers l'Usinage Grande Vitesse (UGV), le tournage dur et l'usinage sans lubrification.

De nos jours, nul ne peut nier les bienfaits de l'usinage dans l'industrie, il y occupe une place importante et représente l'un des domaines en plein développement. L'idée de l'usinage d'aciers durcis par traitements thermiques ne date pas d'hier, elle est apparue au même temps que l'une des plus anciennes technologies humaines : la production des premiers matériaux durs qui est la céramique. L'usinage dur a vu sa réalisation plutôt récemment, elle n'est rendue possible qu'après la mise au point des matériaux à outil modernes qui permettent de surmonter l'agressivité de tels matériaux usinées (une durée de vie acceptable).

L'usinage des matériaux est soumis à de fortes contraintes : économiques, écologiques, etc. En effet les industriels ont besoin d'optimiser leurs processus de production afin d'augmenter la productivité, d'améliorer la qualité, de réduire l'usure des outils de coupe, d'usiner écologiquement en limitant voire en éliminant les quantités de lubrifiants et leur nocivité et de maîtriser l'état résiduel de contraintes dans la pièce.

L'usinage des aciers "durs" est un nouveau procédé qui fait appel à des outils de coupe performants et aux géométries de coupe particulières. Ce procédé a été développé pour remplacer des opérations très coûteuses, telles que la finition par abrasion, et pour protéger l'environnement en réduisant ou en supprimant la lubrification (recours à l'usinage à sec). Malgré les avancées dont a bénéficié ce procédé, notamment la mise en service de nouveaux outils comme le CBN (Nitrure de Bore cubique), il n'est toujours pas répandu dans l'industrie. Le coût des plaquettes et le domaine de fonctionnement mal défini pour un couple outil-matière le rendent difficilement exploitable. De plus, la microstructure du matériau usinée peut affecter le produit final (dimensions, contraintes résiduelles) et augmenter l'usure des outils.

Aujourd'hui, le tournage dur s'avère être le procédé de fabrication adéquat qui permet d'usiner des aciers traités avec des duretés élevées supérieures à 45HRC, il permet en particulier d'obtenir, sans lubrification, des pièces avec un état de surface et une précision proche de ceux issus de la rectification.

La maîtrise d'un tel procédé d'usinage nécessite la compréhension des phénomènes mis en jeu dans la zone de coupe lors de la mise en œuvre du procédé. Ces derniers dépendent de nombreux facteurs lies au couple outil/matière entre autres : le matériau et la géométrie des outils de coupe, le matériau usiné, les paramètres de coupe... etc. Le présent travail fait objet de contribution à l'étude du comportement de l'acier à roulement AISI 52100 principalement à l'état durci (60HRC). Il entre pleinement dans le cadre du bouleversement technologique caractérisé par l'évolution des duretés des matières usinées et l'usinage dit « propre » (sans lubrification). Ceci, tout en assurant une bonne résistance à l'usure pour l'outil, avec le choix des conditions de coupe optimales pouvant améliorer la qualité de l'usinage.

Le présent travail est structuré en cinq chapitres dont le premier a été consacré pour une étude bibliographique sur la coupe des métaux et dans lequel sont présentés : le tournage dur et les phénomènes régissant ce processus de coupe ainsi que l'endommagement des outils de coupe.

Le second est dédié en général, aux méthodes de diagnostic des défauts, puis aux différents modes de classification de l'usure des outils de coupe ; celle-ci passe essentiellement par la surveillance de l'amplitude des composantes spécifiques et aussi des fréquences additionnelles apparaissant dans le spectre fréquentiel d'une grandeur mesurable.

Le troisième chapitre a pour objet d'abord, de détailler le protocole expérimental et de présenter les plans d'expérimentation suivis tout au long de la réalisation des essais, afin d'appréhender le comportement du couple outil-matière lors du tournage dur de l'acier à roulement AISI 52100

(100Cr6) avec des outils en CBN. D'autre part, ont été exposées les méthodes utilisées pour la modélisation de l'usure telles que la méthodologie des surfaces de réponse (RSM) et les réseaux de neurones artificiels (RNA).

Dans le quatrième chapitre, une tentative a été faite pour étudier les effets des paramètres de coupe à savoir : la vitesse de coupe, l'avance par tour et la profondeur de passe, sur les réponses tels que les efforts de coupe, la rugosité de surface et la durée de vie des outils, et ceci dans le cas du tournage de l'acier à roulements AISI 52100 durcis à 60 HRC avec un outil CBN. La relation entre les paramètres de coupe et les variables de sortie est modélisées à travers les méthodologies des surfaces de réponse (RSM) et le réseau de neurones artificiels (ANN). Tandis que les effets combinés des paramètres de coupe sur les sorties sont étudiés tout en employant l'analyse des variances (ANOVA).

Dans le cinquième chapitre, un système de surveillance de l'usure des outils de coupe via un modèle neuronal à architecture optimisée a été proposé. Ce système est alimenté dans sa couche d'entrée par les signaux collectés lors de la phase expérimentale à partir des accélérations tangentielle et radiales ainsi que les efforts de coupe.

Enfin, le présent manuscrit se termine par une conclusion générale.

# CHAPITRE I : Etude bibliographique

## I.1. Introduction

L'usinage par enlèvement de copeaux désigne l'ensemble des techniques qui permettent d'obtenir une surface en éliminant le surplus de matière à l'aide d'un outil tranchant. Cette technique ancienne est souvent appelée coupe onéreuse dans la mesure où la mise en forme de la pièce entraîne une transformation de matière noble en copeaux. Cependant, elle reste une technique de fabrication importante et répandue. Dans la mise en forme des métaux par enlèvement de matière, le procédé de tournage, représente à lui seul 33% **[REMADNA, 2001]**.

## I.2. Tournage dur

L'usinage d'aciers durcis ne date pas d'hier, son apparition coïncide sans doute, avec l'avènement des matériaux à outil durs tels que les céramiques ; la production de la céramique est l'une des plus anciennes technologies humaines. Les recherches commencèrent dans les années 1930 et les premières publications sur les matériaux de coupe céramiques à base d'aluminium ($Al_2O_3$) datent du début du $XX^{ème}$ siècle en Allemagne. L'application pratique de la céramique de coupe fut présentée pour la première fois en 1956. Cette matière présente des valeurs mécaniques de très hautes résistances, vu sa stabilité même à des températures avoisinant son point de fusion (2050°C). Elle offre de nombreuses possibilités d'applications en raison de ses propriétés remarquables (non métallique, inorganique, réfractaire) malgré sa fragilité. D'autre part, le nitrure de bore cubique (CBN) a été synthétisé pour la première fois en 1957 aux États-Unis, cependant, il n'a été utilisé industriellement pour la coupe des métaux qu'à partir du milieu des années 1970.

En 1990, le besoin effectif de la technique du tournage dur a bouleversé l'industrie car jusqu'à lors, la rectification n'a cessé d'être utile, plutôt performante pour la finition des pièces mécaniques. Cela peut se traduire par le changement des mentalités suite aux directives européennes en matière d'environnement. Des contraintes environnementales infligées aux industriels sous peine de fortes pénalités ont enfin réveillé leurs consciences pour penser à produire des déchets recyclables tels que des copeaux plutôt que des boues de rectification chargées d'hydrocarbures.

L'émergence réelle de la technique du tournage dur est apparue avec la crise économique durant l'année 1993, les industriels ont axé leurs recherches sur de nouveaux procédés permettant de réduire le coût de revient des pièces mécaniques afin d'être plus compétitifs, et la compréhension des phénomènes mis en jeu lors du tournage dur [POULACHON, 2004.

## I.2.1. Définition du tournage dur

Le tournage dur concerne le tournage de matériaux ferreux durcis entre 45 et 70 HRC par des opérations principalement de finition interne ou externe et, dans certains cas, d'ébauche à l'aide d'outils modernes à géométrie définie.

| | Micro-dureté $HV_{0.02}$ | |
|---|---|---|
| | Martensite | 800 |
| Pièce | $Fe_3C$ | 850 |
| | $M_7C_3$ | 2500 |
| | MC | 3000 |
| Outil | $Al_2O_3$ | 2000 |
| | BN | 7000 |

Tableau I.1 : Évolution de la micro-dureté entre structure pièce et outil.

Ces matériaux utilisés pour la construction des outils de coupe durs sont caractérisés par les propriétés suivantes :
- une grande dureté à la pénétration comme le montre le tableau I.1 ;
- un pouvoir abrasif élevé ;
- une faible ductilité.

## I.2.2. Signification du terme « dur »

À l'origine, ce terme « **dur** » ne concernait que la grande dureté du matériau usiné. Avec l'arrivée de nouveaux matériaux de construction, des géométries de pièces plus complexes, ce vocable s'est généralisé à d'autres dimensions. Une opération de tournage sur un acier Maraging X2NiCoMo18-9-5 (martensitic-aging ) ou sur un superalliage à base nickel

18

est appelée aussi tournage dur, alors que la dureté macroscopique de l'alliage n'est que de 40 HRC !

La technique du tournage dur est quelquefois classée dans le domaine de l'usinage à grande vitesse. Bien que les vitesses de coupe puissent paraître modestes. Il ne faut pas oublier de mettre en parallèle les hautes valeurs de dureté des matériaux usinés.

Pour expliciter ce procédé, il existe plusieurs définitions, les éléments qui permettent de définir le « **tournage dur** » selon les significations du mot « **dur** » **[POULACHON, 2004]**.

\* **dur** au sens de la dureté du matériau usiné, du point de vue résistance à la pénétration d'un indenteur. De même, il faudrait discuter sur la correspondance entre dureté et résistance mécanique qui est loin d'être régulière.

\* **dur** au sens de difficulté à usiner le matériau, conséquence de sa très mauvaise usinabilité, un matériau peut être difficile à usiner sans pour autant être dur ! Peut être cité pour exemple le tournage du cuivre électrolytique qui pose de véritables problèmes de fragmentation du copeau liés à sa très grande ductilité.

\* **dur** au sens de la difficulté de l'opération d'usinage (alésage profond, travail aux chocs...).

### I.2.3. Performances du tournage dur

### I.2.3.1. Comparaisons des procédés de tournage dur et de rectification

- Les taux d'élimination des matériaux sont plus élevés dans le tournage dur que dans la rectification ;

- Les résultats expérimentaux ont montré que par intermittence le tournage dur peut produire une assez bonne intégrité de surface pouvant remplacer le processus de rectification ;

- Le temps d'usinage est réduit en tournage dur par rapport à la rectification ;

- Le tournage dur génère moins de chaleur dans la pièce que la rectification, en raison de l'évacuation de la chaleur par le copeau. La rectification, en revanche, crée de la chaleur extrême qui exige du refroidissement et peut causer des imperfections de surface. En effet, la surface tournée admet une vie plus longue que celle rectifiée avec une finition de surface équivalente ;

- Réduction du temps de coupe, moins de temps de changement d'outil ce qui rend le processus de tournage dur plus rapide que la rectification.

Ainsi le tournage dur peut soit remplacer ou être complémentaire de la rectification, soit venir s'ajouter en amont de celle-ci afin d'optimiser la productivité. Une situation défavorable, en termes de coût et de délai, est de sous-traiter la rectification et/ou les traitements thermiques.

Il est à noter que pour choisir entre la rectification et le tournage dur, chaque application doit être considérée en tenant compte de différents facteurs :
- taille et répétitivité de la série ;
- souplesse du procédé, qualité à obtenir ;
- complexité de la forme à réaliser ;
- travail aux chocs ;
- pièces déformables ;
- coût des outils ;
- ratio longueur/profondeur de section à enlever ;
- parc machines existant ou investissement prévu ;
- fluide de coupe et traitement des rejets ;
- niveau de complexité de la gamme d'usinage de fabrication...

Un bilan de comparaison entre le procédé du tournage dur et celui de la rectification selon différents critères a permis de dresser le tableau I.2 qui montre clairement l'avantage de la finition des surface usinée en tournage dur sur celles de la rectification.

| | Tournage dur | Rectification |
|---|---|---|
| **Gamme d'usinage** | Plus courte : suppression de la phase rectification | Plus complexe car changement de prises des pièces |
| **Temps d'usinage** | Faible si L < 40mm | Important sauf si L est grand ou si la pièce peut passer en centerless |
| **Etat de surface (Ra)** | 0.15 μm | 0.15 μm |
| **Défaut de forme** | Facilite l'opération de polissage | Evite les problèmes dus aux stries en hélice pour les pièces avec des fonctions d'étanchéité |
| **Précision** | Jusqu'à IT-5 | Jusqu'à IT-3 |
| **Coût machine** | 150000 € | 380000 € |
| **Coût outil** | 6 à 45 € | 45 € |
| **Coût main d'œuvre** | 1€ Coût unitaire de réf base | 3,5 € |
| **Environnement** | Retraitement des copeaux : dépollution (huile de coupe) | Les boues de rectifications sont difficiles et chères à retraiter |

**Tableau I.2** : Bilan de comparaison entre tournage dur et rectification

## I.2.3.2. Avantages du tournage dur

La comparaison des procédés de tournage dur et de rectification peut se faire suivant les quatre critères de *productivité, qualité, investissement et environnement* **[POULACHON, 2004]**.

### a. Aspect productivité

• le tournage dur autorise des taux d'enlèvement de matière 3 à 4 fois supérieurs à celui de la rectification conventionnelle pour une longueur de passe ≤ 40 mm, au-delà de laquelle la rectification en plongée est plus intéressante en grande série ;

• ce procédé peut s'appliquer de la petite à la grande série (roulements, automobile) ;

• les formes complexes sont réalisables par contournage et les réglages sont rapides ;

• il permet de s'adapter rapidement aux productions de plus en plus variables ;

- l'automatisation est bien plus aisée ;

- le tournage dur est un procédé très souple, bien adapté aux petites séries répétitives et aux changements fréquents de la fabrication, ce qui exige le travail en flux tendu ou de type juste-à temps. La rectification est souvent le goulet d'étranglement dans les entreprises ;

- l'opération de polissage est facilitée sur une pièce tournée (écrêtage), et est ramenée à 25 % du temps nécessaire après rectification ;

- la possibilité de tourner des pièces de très grandes dimensions ;

- le travail aux chocs est possible, en utilisant la nuance d'outil adaptée ;

- pour un volume de matière déterminé, le tournage dur consomme cinq fois moins d'énergie que la rectification ;

- les plaquettes CBN normalement usées peuvent être réaffûtées sur la face de coupe.

### b. Aspect qualité et précision
- possibilité de réaliser de multiples opérations sans reprise sur la machine (gain de précision ; respect des concentricités et des perpendicularités, gain de temps, diminution des en-cours) ;

- possibilité d'obtenir des états de surface jusqu'à $Ra = 0,1\ \mu m$) ;

- possibilité d'obtenir des qualités IT5 - IT6, mais la rectification s'impose pour de meilleures qualités ;

- avec les nouvelles machines disponibles sur le marché, possibilité d'atteindre des circularités de 1 µm, des cylindricités de 2 µm sur 50 mm, des tolérances de forme de ± 2 µm, des tolérances en production de 4 µm ;

- en rectification la pièce et la meule sont en rotation, ce qui affecte la qualité de la cylindricité.

L'aspect qualité et précision présente quelques inconvénients à noter :

- les stries en hélice, caractéristiques de la topographie des surfaces tournées, ne sont pas toujours favorables dans le cas de pièces ayant une fonction d'étanchéité ;

- l'alésage avec meule-tige est très délicat (encrassement et flexion), l'alésage à la barre d'alésage (voire antivibratoire) est meilleur ;

- les efforts de coupe sont plus faibles qu'en rectification ;

- l'intégrité de surface peut être meilleure : le tournage engendre des contraintes de compression bénéfiques **[RECH, 2001]**, accroissant ainsi la fiabilité par la réduction des dommages en sous-couches. Cependant peuvent apparaître, en surface de pièce, des **couches blanches** dans des conditions opératoires bien particulières **[POULACHON, 2005]**.

### c. Aspect investissement

- le tournage dur diminue considérablement le montant des investissements machine et outil (coût d'une rectifieuse : 300 k€, coût d'un tour à commande numérique : 120 k€), cependant le coût outil/pièce peut être deux à trois fois plus important (mais suite à son industrialisation croissant rapidement, le prix des plaquettes CBN est en forte baisse) ;

- la rectification nécessite des opérateurs plus spécialisés.

### d. Aspect environnement

La directive européenne du type nouvelle approche en matière d'environnement **[GANIER, 1993]** a incité les industriels à produire moins de déchets, les traiter ou les recycler sous peine de fortes amendes. Cette volonté écologique est venue de l'Allemagne où la poussée écologique est puissante et bien représentée.

La qualité des boues de rectification doit être maîtrisée, l'analyse des taux d'hydrocarbures (huiles machine, liquide de coupe, lavage des boues) doit rester inférieure à 0,5 % pour éviter des surcouts d'incinération. Ces boues générées par les opérations de rectification entrent dans la fabrication du ciment, elles peuvent donc être recyclées mais elles restent toujours plus coûteuses que les copeaux du tournage dur.

## I.2.4. Régime de tournage dur

### I.2.4.1. Usinage avec lubrification

Les fluides utilisés dans les processus de fabrication des métaux sont considérés comme indésirables pour des raisons économiques et environnementales. Chaque année, les fabricants en consomment des millions de litres. Les fluides de coupe ont un effet considérable sur les coûts de fabrication et de l'environnement. En plus, l'OSHA (Occupational Safety and Health Administration) et l'EPA (Environmental Protection Agency) examinent les fluides d'usinage des métaux pouvant porter atteinte à l'environnement. Ces fluides contaminent l'air provoquant les problèmes de maintenance et de santé pour l'employeur. En outre, à la fin de la vie utile des fluides, ces derniers doivent être éliminés correctement, ainsi, l'usinage de pièces avec des lubrifiants impose un fardeau énorme aux entreprises manufacturières. En raison des lois environnementales de plus en plus strictes et visant à contrôler les risques de la santé et de la pollution, les coûts de ces procédés de fabrication est en hausse de façon substantielle ; ceci est par conséquent, une incitation sensiblement économique à la limitation ou à l'élimination de ces liquides.

### I.2.4.2. Problèmes d'usinage avec lubrification

#### a. Risques environnementaux

Un liquide de refroidissement utilisé dans un procédé d'usinage est toujours nuisible à l'environnement et à la santé humaine. Ces substances chimiques sont toxiques si elles sont libérées dans le sol ou dans l'eau ;

#### b. Risques pour la santé

Les substances chimiques utilisées peuvent causer de sérieux problèmes de santé pour les travailleurs qui sont exposés directement au liquide et aussi sous forme de brouillard.

### c. Contamination

Certains fluides de coupe peuvent tacher ou contaminer la pièce ce qui affecte l'état de surface.

### d. Augmentation des coûts

Le coût de l'utilisation des liquides de refroidissement est élevé de même que pour le nombre et l'étendue de lois et réglementations environnementales qui sont en augmentation.

### e. Frais de gestion

L'entretien et les coûts de gestion sont également en augmentation en raison de la désintégration de certains produits chimiques dans les liquides de refroidissement.

### f. Coûts de traitement

Le liquide de refroidissement utilisé devrait être traité, puis relâché dans l'environnement. Ce procédé de traitement représente un fardeau supplémentaire. Selon une enquête, les surcoûts liés à ces produits sont estimés de 16 à 20% des coûts de fabrication.

## I.2.4.3. Usinage à sec

Usinage à sec n'est plus un rêve utopique dans l'industrie du travail des métaux. Les entreprises de fabrication partout dans le monde sont en train d'examiner la question de savoir si les fluides d'usinage des métaux sont vraiment nécessaires dans le processus d'usinage et si oui, dans quelle mesure. Bien que la nécessité pour l'usinage à sec peut être apparente, il est toujours perçu comme irréaliste par la plupart des fabricants, pourtant ce n'est vraiment pas le cas, l'usinage à grande vitesse à sec est possible avec la plupart des processus de fabrication.

Des recherches récentes révèlent que la tendance dans le secteur de l'industrie est de réduire ou d'éliminer l'utilisation des fluides de lubrification lors de la fabrication des pièces mécaniques. L'usinage à sec a le potentiel de réduire la pollution de l'environnement et les risques pour la santé, et les surcoûts. En usinage à sec, les fonctions des liquides de refroidissement doivent être assumées par d'autres méthodes. Le défi de la dissipation de la chaleur nécessite une approche complètement différente de la fabrication. Un outillage spécial en utilisant des revêtements de haute performance, des matériaux résistants à hautes températures et l'air à travers la broche sont nécessaires. Il est donc évident que la clé réside dans l'équilibre entre des stratégies avancées de coupe de métaux, de l'outillage spécial et les spécifications des machines-outils.

### I.2.4.4. Avantages de l'usinage à sec:

• Augmentation de la duré de vie de l'outil en éliminant les chocs thermiques créés par les inondations du liquide de refroidissement.

• Suppression des coûts d'achat du liquide de refroidissement et les coûts d'élimination.

• Augmentation de la durée de vie de l'outil en diminuant l'écaillage et la rupture causés par les contraintes thermiques.

• Adoucir (recuire) la zone de pré-coupe par les températures élevées de la pointe de l'outil, ce qui diminue la valeur de dureté et rend le matériau plus facile au cisaillement dans le cas de la coupe continue. Ce phénomène permet d'augmenter les vitesses lors de la coupe à sec.

• Un copeau formé par un processus de tournage dur correctement configuré prend 80 to 90% de la chaleur générée (la température de la zone de coupe peut atteindre 1700°F ≈ 927°C). Si un tel copeau étincelant entre en contact direct avec l'huile de refroidissement il pourrait littéralement causer une flamme.

### I.3. Matériaux usinés

Les demandes incessantes d'une meilleure usinabilité, d'une plus grande résistance mécanique et d'une plus grande dureté ont incité les métallurgistes à élaborer de nouveaux matériaux. Il est bien connu que l'aptitude à être usiné et le niveau des propriétés mécaniques sont antagonistes **[MOISAN, 1998]** ; Les alliages réfractaires, les aciers fortement alliés dans leur état durci, les fontes alliées... sont souvent difficilement usinables par des procédés conventionnels.

Une étude récente sur les applications de l'usinage dur, fait ressortir que 66% d'entre elles concernent les aciers traités, 26% couvrent les fontes et 8% les superalliages et autres matériaux. Les matériaux ferreux considérés au tableau I.3 comprennent : les aciers rapides, les aciers d'outillages à chaud et à froid, les aciers alliés, les aciers de cémentation, les aciers de nitruration, les fontes blanches, les fontes alliées.

| Matériaux | Utilisation |
|---|---|
| Aciers trempés (45-65 HRC) : de cémentation, de nitruration, pour travail à froid, à chaud... | Engrenages, coussinets, bandes de roulement, têtes de filetage... |
| Fontes grises | Disques et tambour de frein, volants, involutes de compresseurs. |
| Fontes blanches (45-65 HRC) : Ni-hard, trempée en surface | Cylindres à profiler et de travail, vis d'extrudeuses, aubes, bagues d'usure... |
| Métaux frittés (70 HRC) | Roue de pompe, rotors, barbotins, matrices d'extrusion, poinçons... |
| Superalliages (base Co, Ni ou Fe) | Arbres de turbines, hélices, carters de pompe. |
| Revêtement dur | Sièges de soupape et de paliers, matrices d'extrusion... |

**Tableau I.3 :** Domaines d'application du tournage dur

## I.4. Matériaux usinant

L'outil de coupe représente l'élément primordial pour la réussite d'une opération d'usinage ; le matériau à outils doit donc réunir des caractéristiques physiques élevées. Les exigences des outils pour l'usinage des alliages ferreux dans leur état adouci ou dur sont similaires :

• la différence de dureté à température ambiante entre outil et la pièce doit être la plus grande possible pour assurer une durée de vie acceptable ;

• le matériau de coupe doit conserver sa principale propriété qui est sa dureté pour que l'usinage reste possible. La dureté à chaud d'un matériau de coupe détermine la vitesse maximale à laquelle il peut être utilisé ;

- le matériau de coupe doit avoir une haute résistance à la pression et à la flexion et une ténacité suffisante ; le tranchant est sollicité à des pressions de 30000 à 80000 MPa ;

- le matériau usinant doit avoir une très grande résistance à l'usure, une excellente stabilité chimique et thermique. Pour cela, il doit être caractérisé par une bonne résistance à l'oxydation et une faible réaction aux matériaux de compositions différentes.

Malgré la similitude des exigences des outils coupants, elles sont plus rigoureuses dans le cas de l'usinage des alliages ferreux durcis. Les hautes caractéristiques mécaniques du matériau travaillé (jusqu'à 70 HRC) imposent d'énormes contraintes à l'outil. De plus, l'outil peut être soumis à des chargements cycliques mécaniques et/ou thermiques au cours de l'usinage interrompu.

L'usinage toujours plus important des alliages durs et réfractaires a conduit les fabricants d'outil à utiliser des matériaux dits « ultra-durs » (céramiques, CBN/PCBN, diamants PCD) qui conservent leurs propriétés de dureté dans le domaine des hautes températures. Les matériaux usinant utilisés en tournage dur sont :

| Matériaux \ Propriétés | Masse volumique ($kg \cdot m^{-1}$) | Module d'élasticité (GPa) | Résistance à la rupture en flexion (Mpa) | Dureté Vickers ($HV_{30}$) | Coefficient de dilatation linéique ($10^{-6} K^{-1}$) | Conductivité thermique à 20°C ($W \cdot m^{-1} \cdot K^{-1}$) | Ténacité $K_{Ic}$ ($MPa \cdot m^{1/2}$) |
|---|---|---|---|---|---|---|---|
| **Carbures métalliques** | | | | | | | |
| K10 : WC+ Co | 14800 - 15000 | 630 - 650 | 1500 - 1600 | 1600 - 1800 | 5,5 | 80 | 13 |
| P10 : WC + TiC + Ta(Nb)C + Co | 10000 - 11500 | 530 - 550 | 1000 - 1500 | 1500 - 1700 | 6 | 35 | 10 |
| **Céramiques** | | | | | | | |
| Alumine : $Al_2O_3$ | 3900 | 400 | 400 - 600 | 2400 | 8 | 25 - 30 | 4 - 6 |
| Alumine + zircone : $Al_2O_3 + Zr\ O_2$ | 4100 | 365 | 600 - 800 | 1700 | 9 - 10 | 15 - 25 | 5 - 7 |
| Alumine + Whiskers SiC : $Al_2O_3 + SiC$ | 3700 | 390 | 700 - 900 | 1800 - 2000 | 7 - 8 | 35 | 6 - 9 |
| Alumine + carbure de Ti: $Al_2O_3 + TiC$ | 4200 | 410 | 700 - 900 | 2200 - 2600 | 8 - 8,5 | 25 - 30 | 5 - 7 |
| Nitrure de Silicium : $Si_3N_4$ | 3200 | 310 | 800 - 1000 | 1500 - 1600 | 3 | 20 - 30 | 5 - 7 |
| **Cermets** | | | | | | | |
| TiCN + $Mo_2C$ + WC + VC + TaC + NbC + (Ni, Co) | 6000 - 8000 | 390 | 1500 - 2000 | 1500 - 1700 | 7 - 8 | 18 | / |
| **Diamants** | | | | | | | |
| Diamant naturel : monocristallin | 3520 | 1140 | (1) | > 9000 | 3,1 | 600 - 2000 | 3 - 4 |
| Diamant synthétique : PCD polycristallin (2) | 3860 | 920 | 920 | 5000 - 8000 | 3,6 - 6 | 560 | 8 - 9 |
| **Nitrure de bore cubique:** | | | | | | | |
| CBN polycristallin (2) | 3100 | 680 | 570 | 2500 - 4000 | 5 | 80 - 120 | 6 |

- Mesures effectuées à 20°C sur outil.
(1) Valeur non disponible sur outil de coupe.
(2) Pour les matériaux polycristallins, les caractéristiques sont fonction du taux du liant présent dans le compact.

**Tableau I.4** : Matériaux usinant utilisés en tournage dur

## I.4.1. Carbures métalliques

Pour permettre l'usinage à des vitesses élevées et par conséquent augmenter le taux de production, les carbures ont pris une tournure vertigineuse en termes de développement depuis l'année 1930. Aujourd'hui, ces matériaux dominent 70% du marché. Les outils en carbure sont fabriqués à partir des poudres céramiques liées très souvent avec du cobalt, ils sont parfois appelés **carbures cémentés**.

Il existe deux types de base d'outils en carbures : les carbures de tungstène (WC) et les carbures de titane (TiC). Le carbure de tungstène pur est très dur mais cassant, il est donc mélangé avec 5-15% de cobalt pour lui augmenter sa résistance, par contre, la dureté et la résistance à l'usure peuvent être améliorées en réduisant le grain de carbure de tungstène qui est de l'ordre de 0,5–5µm. La taille du grain de carbure et le pourcentage du liant doivent être déterminés afin de permettre la dureté et la résistance demandées pour une opération particulière d'usinage. Ainsi, pour des vitesses relativement faibles environ 45 m/min, l'outil en carbure de tungstène WC-Co forme un important cratère près de l'arête de coupe vue que la température peut dépasser 1000°C, et que l'acier de la pièce usinée peut absorber le carbure de tungstène en solution solide. Une addition de 5 à 25% de carbure de titane (TiC) permet de réduire la cratérisation, la solution du carbure de titane dans l'acier est très faible, ainsi il peut faire office de barrière à la cratérisation par diffusion du WC. En plus, il est à noter que la dureté du TiC est plus grande que celle du WC, par conséquent, cette addition améliore la résistance à l'usure par abrasion et la stabilité chimique **[BAGUR, 1999]**.

Les premières applications des carbures de coupe se sont faites sous forme de plaquettes à braser sur des corps d'outils en acier ordinaire, la partie active de ces outils étant raffûtée au fur et à mesure de son usure. Vers 1958, ont été créés les outils à plaquettes amovibles. Ce type d'outil a été rapidement adopté car les avantages des plaquettes amovibles sont nombreux :

- suppression de l'affûtage ;
- absence de brasure, donc une nuance plus dure peut souvent être utilisée (risque de crique éliminé) ;
- conditions de coupe plus sévères ;

- indexage (repérage mécanique) de la plaquette pour remplacer une arête usée ou un changement de nuance plus rapide que le changement d'un outil brasé ;
- affilage d'arête recommandé dans le tournage de l'acier, exécuté automatiquement par le fabricant de plaquettes alors que, pour l'outil brasé, il est réalisé à la main par l'opérateur.

### I.4.1. 1. Carbures métalliques sans revêtement

La dureté des carbures métalliques (environ 1500 à 2500 HV), très supérieure à celle des aciers rapides non surcarburés (HRC 66 soit environ 865 HV), jointe à une résistance importante (résistance à la flexion 800 - 2200 MPa) explique qu'ils sont les plus utilisés. Leur dureté à chaud permet l'usinage jusqu'à une température de 1000°C.

La symbolisation des carbures a fait l'objet de la recommandation NF E 66-304 (ISO 513), les nuances y sont divisées en trois grandes catégories:

**P** : métaux ferreux à copeaux longs ;

**M** : métaux ferreux à copeaux longs, à copeaux courts et métaux non ferreux ;

**K** : métaux ferreux à copeaux courts, métaux non ferreux et matières non métalliques.

Dans chaque catégorie, un nombre allant de 01 à 50 indique la ténacité croissante et la diminution de la résistance à l'usure. Les nuances modernes de carbures étant de plus en plus polyvalentes et performantes, il devient difficile de les classer ainsi. Cela implique des difficultés croissantes pour établir des équivalences directes entre fabricants. La notion COM (Couple Outil/Matière) est là encore indispensable pour classer et comparer les performances des différents carbures. Il est important de noter que l'emploi de nuances de carbures non revêtus a quasiment disparu pour certaines technologies telles que les plaquettes amovibles de tournage.

### I.4.1. 2. Carbures métalliques avec revêtement

À partir de 1969 apparaît un nouveau type de matériau de coupe : le carbure revêtu constitué par une plaquette en carbure métallique recouvert par un film mince (3 à 10 μm) d'un matériau plus dur (2000 à 3000 Knoop). Les couches les plus usuelles sont le carbure de titane, le nitrure de titane, le carbonitrure de titane et l'alumine (Tableau I.5).

| Matériau | Résistance à l'usure | Résistance chimique | Résistance thermique | Résistance au frottement |
|----------|----------------------|---------------------|----------------------|--------------------------|
| TiC | ••••• | • | • | ••• |
| TiN | ••• | ••• | ••• | ••••• |
| Ti (C,N) | •• | •• | •• | •••• |
| Al2O3 | •••• | ••••• | ••••• | •• |
| HfN | ••• | •••• | •••• | •••• |
| | • indique la valeur la plus faible | | | |
| | ••••• indique la valeur la plus forte. | | | |

**Tableau I.5** : Comparaison des propriétés de certains revêtements

Chacune de ces couches apporte à l'outil une amélioration dans un domaine particulier (résistance à l'usure, à l'oxydation, au frottement, etc.). Aussi des dépôts multicouches ont-ils été réalisés afin de combiner leurs différents avantages. Des revêtements à base de nitrure de hafnium et de carbure de chrome ont été également commercialisés. Ces couches sont obtenues généralement par CVD dans des fours entre 800 et 1100°C, ce qui permet d'obtenir des dépôts de très bonne adhérence.

Les nouvelles générations de plaquettes amovibles en carbure revêtu sont généralement très complexes. Le substrat est dit enrichi au cobalt, ce qui signifie que le taux de cobalt est différent au cœur et en périphérie de la plaquette. Cela permet d'améliorer la résistance à l'usure d'où une meilleure résistance aux fortes vitesses de coupe tout en conservant une ténacité acceptable. Ensuite, le substrat est revêtu. Le nombre de couches varie d'un fabricant à l'autre. Il peut aller de deux à dix en moyenne, généralement réalisées par procédé CVD ou MTVD. Contrairement aux premiers carbures, il est maintenant impossible de dissocier le substrat du revêtement. Les substrats sont en effet conçus pour recevoir certains types de revêtements, ou au contraire, pour être non revêtus.

## I.4.2. Cermets

Depuis les années 1920, les cermets ont été une partie intégrante de l'industrie métallurgique. Toutefois, dans les dernières années, ils ont bénéficié d'un regain de popularité, grâce à la nouvelle technologie, qui a élargi les applications possibles des cermets. Traditionnellement utilisés seulement pour semi-finition à des opérations de finition, les plus récents cermets ont augmenté leur ténacité qui les rend comparables à certains carbures, tandis que leur bonne résistance aux chocs favorise de bonnes performances pour certaines coupes interrompues.

Cermet est un terme formé de deux syllabes : « **cer** » vient de céramique et « **met** » de métal. Ce sont des matériaux élaborés par la métallurgie des poudres, constitués par des particules de composés métalliques durs (carbures, nitrures, carbonitrures) liées par un métal (généralement du nickel). Les premiers cermets développés dans les années 1920 étaient basés sur le carbure de titane / carbure de molybdène avec un liant de nickel, et ont été caractérisés par la faible résistance à la flexion et la haute fragilité. Toutefois, dans les années 1960 des améliorations ont été apportées avec l'ajout de molybdène au liant, ceci a permis d'augmenter la ténacité du cermet. Quelques années plus tard, l'ajout de carbonitrures métalliques a contribué à améliorer la résistance à l'usure, la résistance aux chocs thermiques et a diminué la déformation plastique. En 2003, de nouveaux grades de micrograins de cermet ont été introduits, y compris un PVD : revêtement qui a offert une plus grande stabilité thermique et la capacité de travailler à des vitesses de coupe élevées. La structure de ces micrograins de cermets a doublé la résistance à la flexion, tandis que la résistance à la rupture reste comparable à d'autres cermets. Cette nouvelle génération de cermets est également capable d'usiner en coupe interrompue chose qui n'était pas possible avant. Actuellement, les cermets sont composés de $TiC$, $TiN$, $TiCN$, $Mo_2C$, $WC$, $VC$, $TaC$, $NbC$, $Ni$ et $Co$.

Les propriétés d'utilisation des cermets dépendent pour une grande part des proportions des différents composants cités ci-dessus, notamment des teneurs en $TiC$, $TiN$ et $TiCN$ et du rapport $N/(C + N)$ qui, dans la dernière génération de cermets, est supérieur à 0,3. Le tableau I.5 montre l'influence du rapport $N/(C + N)$ sur les propriétés des cermets. La taille des particules dures a également une grande influence sur les propriétés des cermets. Des grains fins améliorent la ténacité et la résistance aux chocs thermiques.

Les cermets présentent en outre une grande inertie chimique réduisant les phénomènes de cratérisation et d'arête rapportée. Leur bonne résistance à l'usure et leur grande ténacité permettent de travailler en coupe positive, d'où de moindres efforts de coupe, de bons états de surface et une grande précision dimensionnelle des pièces usinées. Les cermets ne nécessitent pas obligatoirement de lubrification, elle est réalisée uniquement lorsque la précision de la finition l'exige.

## I.4.3. Les céramiques

Le terme de céramique désigne aujourd'hui de façon paradoxale des matériaux dont les applications peuvent être à la fois très traditionnelles et souvent utilitaires : briques, tuiles, poterie, vaisselle, etc., mais aussi très spécialisées et parfois même hypersophistiquées : *électronique, optique, nucléaire, astronautique, matériaux de coupe.*

La céramique est une combinaison d'éléments inorganiques non métalliques et d'éléments métalliques, elle admet de bonnes propriétés atomiques de métallisation ; ainsi elles sont obtenues par frittage sans liant métallique. L'apparition sur le marché des céramiques de coupe remonte aux années 1960, elles furent introduites en premier lieu pour l'usinage à grande vitesse des fontes et pour les applications nécessitant des taux importants d'enlèvement de matière.

Les outils céramiques sont hautement réfractaires (point de fusion supérieur à 1500°C), plus résistant à l'usure et plus stable chimiquement que les carbures cémentés. Les avantages des céramiques sont leur faible masse volumique et leur température d'utilisation nettement plus élevée que celle des alliages courants. Cependant, leur ténacité, c'est-à-dire leur aptitude à résister aux microfissures en fait leur principale faiblesse.

Jusqu'aux années 1980, l'alumine a été utilisée pour l'usinage de fontes dont la dureté ne dépassait pas 250 HB, mais il est possible maintenant d'usiner de l'acier jusqu'à 60 HRC ($\approx$ 700 HV) ; c'est le matériau de coupe qui résiste le mieux à la cratérisation. D'autres céramiques sont également employées.

Les céramiques renforcées par des whiskers (bâtonnets de fibres monocristallines de carbure de silicium entrelacées) qui leur confèrent une plus grande ténacité, permettent un travail au choc ou dans les matériaux réfractaires.

Les céramiques sont employées avec des machines rigides et puissantes. Un arrosage continu est nécessaire. Les surfaces doivent être préparées (chanfrein en début de passe). Les outils en céramique peuvent être revêtus, le plus souvent au nitrure de titane TiN.

Les céramiques de coupe utilisées dans le cas de l'usinage des matériaux durs sont principalement:
- la céramique oxydée ;
- la céramique mixte ;
- la céramiques non oxydée.

### I.4.3.1. Céramique oxydée

La céramique la plus courante est l'oxyde d'aluminium ou alumine $Al_2O_3$, c'est un matériau de couleur blanche appelé aussi céramique pure. Il est caractérisé par le faible niveau de ses propriétés telles que : ténacité et résistance aux chocs thermique et mécanique. Une addition d'une petite quantité d'oxyde de zirconium $ZrO_2$ lui permet d'être plus ou moins tenace. Il s'est révélé intéressant pour la finition des fontes, à condition de disposer de machines robustes et à grandes vitesses.

## I.4.3.2. Céramique mixte

### a. Céramique noire

Elle est de couleur noire élaborée à base d'un fort pourcentage d'oxyde d'aluminium $Al_2O_3$ allant jusqu'à 70% et 30% entre carbure de titane (TiC) et nitrure de titane (TiN) pour en améliorer la résistance aux chocs thermique. Ainsi, elles sont beaucoup moins sensibles que les céramiques $Al_2O_3$ aux brusques changements de température et permettent l'emploi des liquides de coupe.

### b. Céramique renforcée (whiskers)

Elle est de couleur verte et comprend 75% d'oxyde d'aluminium $Al_2O_3$ dans sa composition chimique. Un renforcement par 25% de carbure de silicium (SiC) sous forme de fibre whiskers entrelacées dont le diamètre ne dépasse pas 1µm et la longueur comprise entre 5 et 20µm, lui confèrent une plus grande ténacité et permet d'améliorer sa résistance à la rupture et sa résistance aux chocs thermiques. Elle est utilisée pour usiner les matériaux réfractaires et travailler au choc.

## I.4.3.3. Céramique non oxydée

Elle est élaborée à base de nitrure de silicium Si₃N₄. Cette céramique permet dans certains matériaux des vitesses de coupe 1,5 à 2 fois supérieures à celles des autres céramiques, ce qui impose des machines plus performantes (plus puissantes, plus rigides…). Elle s'emploie à sec.

### I.4.4. Le nitrure de bore cubique

Le nitrure de bore cubique appelé ainsi pour sa structure atomique cubique est un matériau très dur classé après le diamant et qui est entièrement fabriqué par l'homme. Il a été synthétisé traditionnellement avec succès pour la première fois en 1957 aux États-Unis sous pression de l'ordre de 60 kbar et des températures de 1500°C. Mais il n'a été utilisé industriellement pour la coupe qu'au milieu des années 1970. En même temps, et pour répondre à des cadences de production bien déterminées le nitrure de bore cubique polycristallin (PCBN) a été mis en application.

### I.4.4.1. Caractéristiques

Le PCBN est 50 fois plus résistant à l'abrasion que le carbure de tungstène, et 5 fois plus que l'oxyde d'alumine et le nitrure de silicium (Figure I.1). Il conserve sa résistance et a peu tendance à réagir avec le fer ou l'air aux hautes températures de coupe qui sont caractéristiques de l'usinage des aciers durs. C'est un matériau réfractaire remarquable qui unit l'aptitude à l'usinage et le caractère hydrofuge du graphite à une conductivité thermique très élevée. Il est d'ailleurs utilisé en électronique comme puits de chaleur pour évacuer l'énergie thermique dégagée par effet Joule dans les composants électroniques. Sa température d'utilisation en atmosphère oxydante atteint 1400°C. En atmosphère inerte ou réductrice, il résiste à des températures de 2000°C, et dans l'hydrogène sec, il peut supporter près de 3000°C.

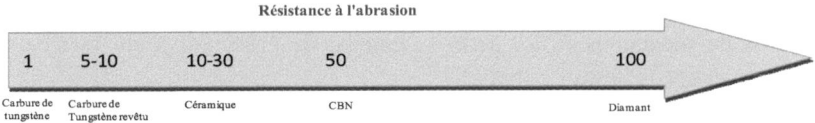

**Figure I.1 :** Échelle comparative de résistance à l'abrasion

## I.4.4.2. Types et domaines d'application des nitrures de bore cubique

Pour couvrir tous les cas d'usinage, il existe plusieurs nuances de CBN, chacune ayant ses applications spécifiques. Les performances dépendent de la teneur en CBN, de la grosseur des grains, du type de liant utilisé et de la microstructure. Ils sont classés généralement en deux groupes selon leur microstructure **[POULACHON, 2004]**.

### a. PCBN dits « purs »

Leur teneur en nitrure de bore cubique dépasse 90%, ils sont caractérisés par une deuxième phase liante de nature métallique (2% $AIB_2/AIN$). Cette nuance possède une grande résistance mécanique et aux chocs. Elle est recommandée pour l'usinage des alliages de rechargement, des fontes perlitiques, des superalliages et des pièces en métaux frittés. Du fait de sa grande résistance, on utilise cette nuance pour les travaux d'ébauche et de coupe interrompue d'alliages durs.

### b. PCBN dits « mixtes »

La teneur en nitrure de bore cubique reste inférieure à 70%, et la seconde phase est complexe pour associer les propriétés de composés métalliques et celles de composés céramiques ; cette seconde phase peut comprendre des composés à base d'aluminium (nitrure AlN, borure $AlB_2$), de titane (nitrure TiN, carbure TiC, carbonitrure Ti(CN)) et éventuellement d'autres éléments composés. Une nuance à liant céramique possède une plus grande résistance à l'usure thermochimique, ce qui est préférable pour les coupes continues et à vitesses élevées des aciers traités. Les plaquettes CBN sont commercialisées soient sous forme :

- d'insert brasé (Figure I.2 (a)) ;

- de plaquettes « *full face* » : couche de CBN sur toute la face de coupe (Figure I.2 (b)) ;

- d'insert dit « économique » : il s'agit d'un brevet déposé par Sandvik où les parties CBN sont frittées sur toutes la hauteur de la plaquette donc réversibles (Figure I.2 (c)).

  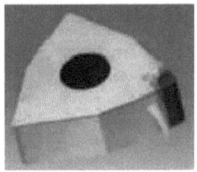

**(a)** Insert brasé  **(b)** Insert *full face*  **(c)** Insert économique
**Figure I.2 :** Présentation des plaquettes CBN sur le marché **[POULACHON, 2004]**.

## I.4.5. Diamant

## I.4.5.1 Types de diamants

### a. Diamant naturel

Le diamant naturel est issu de la transformation, il y a 100 millions d'années, du carbone sous très haute pression ($\approx$ 7 GPa) et à température élevée ($\approx$ 2000°C). Sa haute dureté et sa faible réactivité chimique expliquent qu'il ait pu se conserver à travers les siècles. On le trouve en : Afrique du Sud, Zaïre, Russie, Brésil, Australie, etc. Les plus beaux diamants (grands et exempts de défauts) sont destinés à la joaillerie. En 1977, la production mondiale a été de 8t dont 26% pour la joaillerie, le reste étant destiné à l'industrie. Les propriétés remarquables du diamant naturel en tant qu'outil de coupe sont les suivantes :

- c'est le plus dur des matériaux connus ;

- sa résistance à la compression est très supérieure à celles des autres matériaux ;

- son coefficient de dilatation thermique ($3,1 \cdot 10^{-6} \cdot K^{-1}$), plus faible que celui des autres matériaux d'outils, lui confère une excellente résistance aux chocs thermiques ;

- sa conductivité thermique, la plus élevée de tous les matériaux 600 à 2000 $W \cdot m^{-1} \cdot K^{-1}$ facilite l'évacuation de la chaleur de la zone de coupe si bien qu'un diamant qui vient d'usiner paraît froid au toucher.

Par contre, sa résilience est faible, ce qui le rend très sensible aux chocs mécaniques. Sa haute dureté, liée à sa structure atomique particulière, n'est pas la même dans tous les plans. Il se clive suivant quatre directions, ce qui le rend fragile **[BAGUR, 1999]**.

**b. Diamant synthétique**

Les premiers diamants synthétiques furent réalisés en Suède en 1953 par Von Platen, puis en 1954 par Hall aux États-Unis, en soumettant du graphite à des températures et des pressions très élevées. Les cristaux obtenus étaient petits (< 0,5 mm) et servaient à la fabrication de meules en diamant synthétique.

La production est actuellement forte : de 22 t/an en 1986, elle a peu évolué jusqu'en 1995, date à laquelle la production semble s'être accélérée. Pour obtenir des cristaux plus grands, les durées de production sont excessives (> 50 h de synthèse pour créer un monocristal de 1 carat), le diamant naturel est alors plus rentable. Aussi préfère-t-on réaliser des compacts polycristallins (PCD) en effectuant un frittage à haute pression et 1400°C pour agglomérer, sous forme de plaque, les grains de diamant. La partie diamantée est parfois liée, lors du frittage, à un support à base de carbure de tungstène. Contrairement au diamant naturel, le PCD est isotrope, il ne présente ni plan de clivage ni variation de dureté. Celle-ci est un peu inférieure à la valeur maximale de celle du diamant naturel. Le PCD est plus résilient (non propagation de criques) et donc plus résistant aux chocs mécaniques. Il est bon conducteur thermique et électrique. Le PCD, comme le diamant naturel, commence à s'oxyder vers 600°C à l'air et, à partir de 1000°C sous atmosphère protectrice, on assiste à un début de déstabilisation de la structure du diamant qui redevient graphite (graphitisation du diamant). Selon le rapport physico-chimique métal usiné/diamant, la conductivité thermique élevée peut favoriser une réactivité chimique qui en limitera les applications.

## I.4.5.2. Mise en œuvre des diamants

Les diamants naturels sont utilisés sertis (brasage), en concrétion (frittage simple avec matrice métallique abondante), ou à l'état libre (poudre broyée).

Les diamants compacts poly-cristallins (PCD) sont fabriqués à partir des plaques issues du frittage, on peut par usinage obtenir la plupart des formes courantes. Selon les marques et les nuances, la taille des grains de diamant est centrée sur 1,10 et 30µm. Les fabricants de revêtements travaillent de plus en plus sur le revêtement diamant.

### I.4.5.3. Applications des diamants

À base de carbone, les diamants (naturels et synthétiques) ont de ce fait une forte affinité pour les matériaux ferreux et sont donc généralement exclus pour leur usinage. On les utilise particulièrement pour les métaux tendres : aluminium, cuivre, magnésium, zinc et leurs alliages, ainsi que pour les matériaux antifriction. Le diamant sert aussi à l'usinage des métaux précieux (or, platine), des matières plastiques chargées ou non, du bois.

La figure I.3 présente une comparaison entre les différents matériaux utilisés dans la coupe des métaux **[CALDERON, 1998]**.

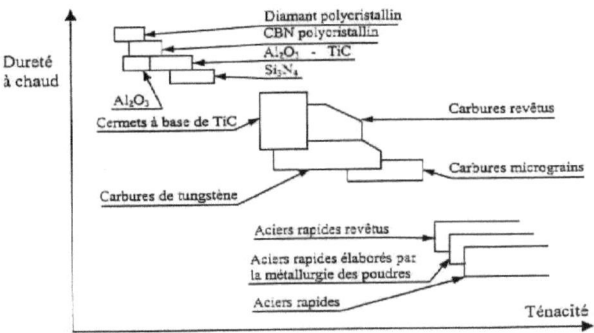

**Figure I.3 :** Comparaison des matériaux de coupe. **[CALDERON, 1998]**

### I.4.6. Revêtements durs

Vers 1980 se développent les techniques de dépôt ionique permettant de déposer des couches dures de 2000 à 4000 HV telles que le nitrure de titane (TiN) ou le carbure de titane (TiC). Depuis, les méthodes de déposition de ces couches dures ont évolué ainsi que la nature des dépôts. Il existe trois types majeurs de dépositions :

## a. Procédé CVD

Le dépôt chimique en phase vapeur est peu onéreux, il s'effectue à 950 - 1050°C sur un substrat de molécules présentes dans un milieu gazeux. Une grande variété de revêtements est déposable, avec un bon accrochage sur le substrat. Ce procédé génère des couches épaisses, de l'ordre de 4 à 8µm d'épaisseur.

## b. Procédé PVD

Le dépôt physique en phase vapeur est deux à trois fois plus cher que le CVD, il s'effectue à basse température de 200 - 400°C. Des molécules présentes dans un plasma vont se déposer électro-statiquement sur un substrat pour former des couches de 1 - 2µm d'épaisseur. Le revêtement des carbures est possible (à basse température).

## c. Procédé MTVD

Le dépôt en phase vapeur à température moyenne est une combinaison des avantages des deux techniques précédentes. Le cycle de revêtement d'une plaquette de coupe en carbure débute par l'enrichissement de sa surface en cobalt, puis un CVD en carbonitrure de titane (TiCN) suivi d'un PVD en nitrure de titane (TiN). Ce procédé permet notamment d'augmenter la ténacité des plaquettes en carbure.

Le tableau I.6 donne, pour les principaux revêtements utilisés aujourd'hui, les duretés et épaisseurs des couches possibles. De nouveaux revêtements sont en plein développement (par exemple $MoS_2$, connu sous le nom commercial de MOVIC, $Ti_2N$, $Ti_2CN$) **[BAGUR, 1999]**.

Tous les types d'outils sont susceptibles de voir leurs performances améliorées par un revêtement. La démarche COM a mis en évidence qu'il n'y avait pas de règles préétablies pour le choix d'un revêtement. Seuls les essais permettent de vérifier l'adéquation du revêtement à l'application. De plus, la comparaison des performances entre un outil non revêtu et un outil revêtu ne doit être réalisée qu'après vérification que les paramètres sont équivalents, donc comparables.

La figure I.4 montre la Conductivité thermique pour quelques revêtements utilisés dans la coupe des métaux.

| Procédé | Dépôt | Dureté HV | Epaisseur (µm) |
|---|---|---|---|
| **CVD** | TiN | 2000 à 5000 | 3 |
| | TiC | 3000 à 3500 | 2 à 3 |
| | Ti(C, N) | 2500 à 3100 | 3 |
| | Al₂O₃ | 2500 à 3100 | 3 |
| | CBN | 3000 à 4000 | 3 |
| | Diamant | 7000 à 10000 | 5 à 10 |
| **PVD** | TiN | 2000 à 2500 | 3 à 5 |
| | Ti(C, N) | 3000 à 3400 | 3 à 5 |
| | (Ti, Al)N | 2000 à 2400 | 3 à 5 |
| | CrC | 1850 | 3 |
| | CrN | 1750 à 2900 | 3 |
| Le procédé MTVD est encore trop récent pour fournir de telles données numériques. | | | |

**Tableau I.6 :** Dureté et épaisseur des principaux dépôts

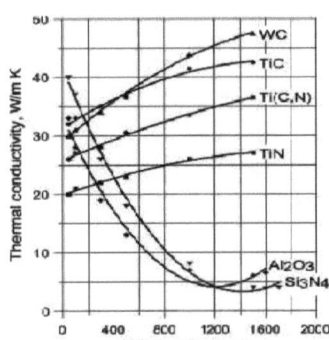

**Figure I.4 :** Conductivité thermique. **[JAWAHIR, 1993]**

# I.5. Dynamique de la coupe

## I.5.1. Efforts de coupe

La résultante des efforts exercés sur l'outil peut être décomposée dans les différents plans géométriques (Figure I.5). On définit ainsi les différentes composantes de l'effort de coupe $F_c$, $F_f$ et $F_p$ correspondant aux différentes directions qui représentent respectivement :

- $F_c$ : effort de coupe appelé aussi effort tangentiel ;
- $F_f$ : effort d'avance appelé aussi effort axial ;
- $F_p$ : effort de pénétration ou de poussée appelé aussi effort radial.

41

L'effort spécifique de coupe, aussi appelé pression de coupe, cette grandeur est définie comme étant l'effort de coupe ramené à la section du copeau non déformé :

$$K_c = F_c \, /(f \cdot a_p) \tag{I.1}$$

où

$K_c$    : Effort spécifique
$F_c$    : Effort de coupe
$f$      : avance par tour
$a_p$    : profondeur de passe.

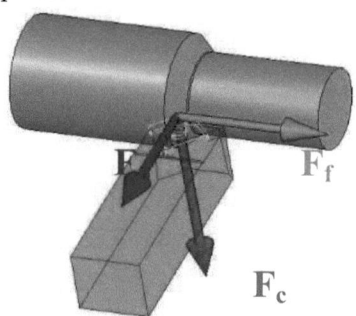

**Figure I.5** : Décomposition tridimensionnelle de l'effort de coupe

L'étude microscopique de cette pression de coupe sur la pointe de l'outil permettra de déterminer le domaine de validité de l'outil coupant utilisé dans la matière retenue. Cette démarche appelée couple outil-matière est l'objet des normes NF E66-520-1 à NF E66-520-4 **[NF E66-520-1 1997]** ; **[NF E66-520-2 1997]** ; **[NF E66-520-3 1997]** ; **[NF E66-520-4 1997]**. Elle permet de définir un domaine de fonctionnement correct de l'outil en fonction de trois familles de paramètres :

• les valeurs limites (minimales et maximales) définissant des paramètres de coupe ($Vc_{min}$, $Vc_{max}$, $f_{min}$, $f_{max}$, $ap_{min}$, $ap_{max}$) ;

• les paramètres de liaison décrivant les interactions entre les paramètres limites, sachant que l'on ne peut afficher tous les paramètres à leur maximum en même temps ;

• les paramètres auxiliaires tels que Kc.

## I.5.1.1 Évolution de la pression de coupe en fonction de la vitesse de coupe

La courbe de tendance présentée par la figure I.6, passant au mieux dans le nuage de points, présente une décroissance de la pression de coupe exercée sur la face de coupe lorsque la vitesse de coupe augmente. Cela permet d'avancer qu'il est préférable, pour l'outil, de travailler aux plus faibles valeurs de pression de coupe afin de minimiser les sollicitations mécaniques. Il faut bien noter les valeurs extrêmes de pression que peut subir la pointe de l'outil CBN lorsque les vitesses de coupe sont faibles ($\approx$ 8150 MPa soit 81500 bars à 40 m/min). La vitesse de coupe minimale $Vc_{min}$ est déterminée quand la courbe décroche. Si ce décrochement n'est pas net, l'évolution de l'état de surface en fonction de Vc permet d'apporter une solution. Cela conduit à adopter une vitesse de coupe minimale de 80 m/min pour des pressions de coupe avoisinant les 7500 MPa. Il s'est avéré que cette vitesse de coupe apportait l'énergie minimale nécessaire à l'adoucissement thermique du matériau.

La vitesse de coupe maximale a été fixée à 260 m/min ; au-delà, l'usure en cratère observée sur la face de coupe après chaque essai devient catastrophique. La plage 260 à 440 m/min est très intéressante d'un point de vue niveau de pression, mais inexploitable industriellement du point de vue endommagement. La valeur de 440 m/min est la valeur de vitesse correspondant à un effondrement brutal de l'arête de coupe déterminée. Cependant, cette zone de vitesse de coupe n'est pas à délaisser, notamment pour les perspectives d'usinage à plus grande vitesse, et son exploitation ne pourra passer que par une meilleure tenue de ces outils à haute température. De 80 à 260 m/min, la pression diminue d'environ 12% et cette diminution serait d'environ 24% entre 80 et 400 m/min. Un compromis doit être trouvé entre valeur de pression de coupe et vitesse d'endommagement. Cette décroissance de la pression lors de l'augmentation de Vc s'explique par de plus hautes températures de coupe induisant un adoucissement plastique plus important du matériau usiné et, en conséquence, une diminution de l'effort de coupe. Le décrochement entre les points à la vitesse de coupe de 220 m/min correspond à un changement d'outil (Figure I.6).

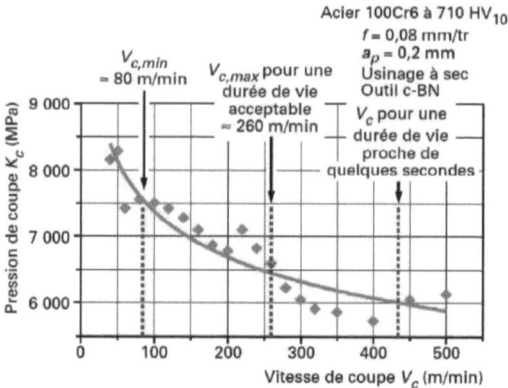

**Figure I.6 :** Évolution de la pression de coupe en fonction de la vitesse de coupe **[POULACHON, 1999]**

Les usures en cratère cumulées ont eu tendance à « enlever » de la coupe négative à l'outil et à réduire ainsi l'effort de coupe. Au-dessus de 440 m/min, une tendance à l'augmentation de Kc est observée (à prendre avec précaution), ce qui montre que le comportement du matériau face à ces hautes vitesses a changé. La plage de 260 à 440 m/min correspondrait à une zone de vitesse de coupe où le compromis écrouissage et adoucissement thermique serait le meilleur. Avant 260 m/min, l'écrouissage semble prédominant et après 440 m/min, le caractère visqueux devient prédominant par rapport à l'adoucissement thermique **[POULACHON, 2004]**.

## I.5.1.2 Évolution de la pression de coupe en fonction de la profondeur de passe

L'évolution de la pression de coupe en fonction de la profondeur de passe présentée à la figure I.7 montre une forte décroissance d'environ 50 % lorsque la profondeur de passe varie de 0,05 à 0,5 mm. À la vue des valeurs de pression, il est fortement déconseillé de travailler aux très faibles profondeurs de passe (≈ 12 GPa pour ap = 0,05 mm).

La profondeur de passe minimale pour Vc = 150 m/min serait aux alentours de 0,15 mm afin de minimiser les pressions de coupe ; cependant, cette valeur aurait tendance à diminuer si Vc augmente et vice versa. La décroissance de Kc lorsque la profondeur de passe augmente s'explique par l'évolution de l'angle de direction d'arête $\chi_r$ au fur et à mesure que le rayon de bec rentre dans la matière. La profondeur de passe correspondant à la jonction entre le rayon $r_\varepsilon$ et l'arête rectiligne vaut dans ce cas : ap limite = $r_\varepsilon$ [1 − cos ($\chi_r$ )] = 0,234 mm.

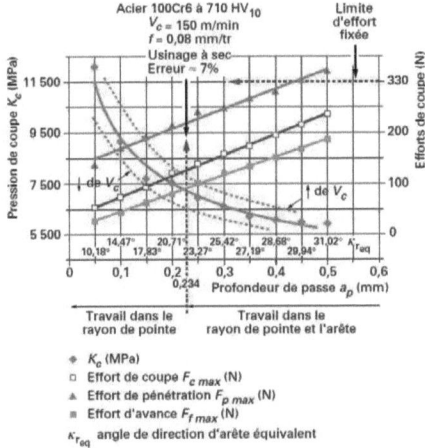

**Figure I.7 :** Évolution de la pression de coupe en fonction de la profondeur de passe **[POULACHON, 1999]**

À partir de cette valeur, l'influence de la profondeur de passe devient beaucoup moins importante. Cependant, ici encore, un compromis reste à faire entre l'usure de l'outil due à un chargement plus élevé et le débit de copeau souhaité. De plus l'augmentation de la profondeur de passe induit des conditions de coupe plus sévères du point de vue de la section du copeau, entraînant de ce fait une élévation de température qui adoucit le matériau. Il est à noter que l'évolution des efforts de coupe est parfaitement linéaire en fonction de la profondeur de passe.

## I.5.1.3 Évolution de la pression de coupe en fonction de l'avance

Son évolution est également décroissante pour une augmentation de l'avance par tour (Figure I.8). Toutefois, les niveaux de pression sont extrêmement élevés pour les très faibles avances (30 GPa pour une avance de 0,01 mm/tr). À ces faibles avances, se forme tout de même un copeau qui est enlevé en coupe raclante, la coupe se faisant dans le rayon d'arête $r_\beta$.

Le très fort décrochement de la courbe se fait approximativement à une avance de 0,03 mm, qui correspond à la valeur du rayon d'arête. Dans cette zone où la coupe est considérée torique, l'angle de coupe est très négatif et, en conséquence, le choix d'avances inférieures à la valeur du rayon d'arête est fortement déconseillé. Le choix de faibles valeurs d'avance est souvent pris par erreur pour obtenir de bons états de surface ($R_t = f^2/8r_\varepsilon$), alors que la coupe se passe dans de très mauvaises conditions. Entre une avance de 0,03 mm et 0,1 mm, la pression chute d'une façon moins spectaculaire, cette plage d'avance correspond à la valeur du chanfrein de protection d'arête. La coupe se passe dans de meilleures conditions. En gardant le critère de pression de coupe inférieure à 7500 MPa, l'avance minimale est de 0,06 mm/tr. Lorsque les avances deviennent supérieures à 0,2 mm/tr, les états de surface sont grossiers et les efforts supportés par la pointe de l'outil entraînent une dégradation rapide de l'outil quand ce n'est pas une rupture brutale de la pointe de l'outil. À 0,2 mm/tr, l'effort de poussée atteint 300 N, cette valeur d'avance sera considérée comme la valeur maximale. La figure I.8 montre également l'évolution des efforts de coupe, qui, malgré l'usinage de matériaux durs présentent des niveaux bas pour les raisons suivantes :

- faible déformation plastique vue la formation du copeau par amorçage de fissure ;

- faible zone de contact outil-copeau qui réduit les forces de frottement.

Cependant, les matériaux durs usent rapidement les outils et augmentent principalement l'effort de poussée $F_p$. L'évolution des efforts de coupe est monotone croissante au fur et à mesure que le chargement s'accroît. À partir d'une profondeur de passe de l'ordre de 0,45 mm, l'effort de poussée devient important (300 N) induisant une usure en dépouille rapide et des écaillages. La valeur 0,45 mm sera considérée comme la profondeur de passe maximale. Il est aussi très intéressant de noter que l'effort prépondérant en tournage dur est cet effort de pénétration et non pas l'effort de coupe tangentiel. C'est aussi l'effort le plus sensible aux évolutions de l'endommagement de l'arête de coupe. En conséquence ce sera l'effort à suivre pour une surveillance du processus de coupe.

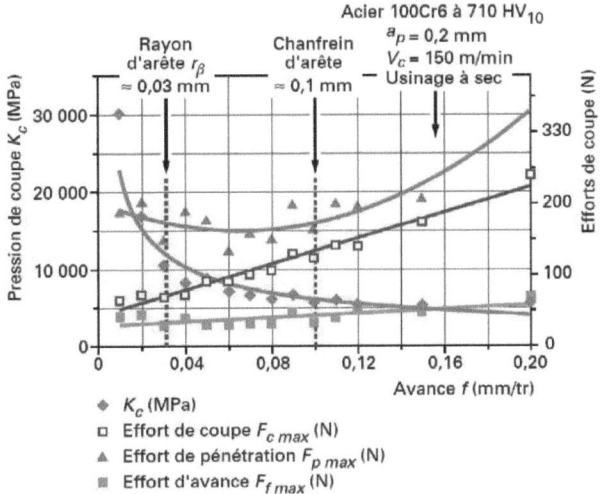

**Figure I.8 :** Évolution de la pression de coupe en fonction de l'avance **[POULACHON, 1999]**

## I.5.1.4 Variation des efforts de coupe

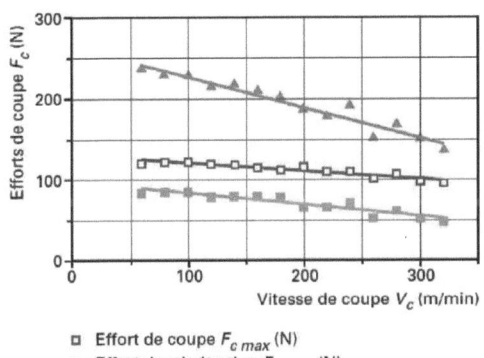

**Figure I.9 :** Évolution des efforts en fonction de la vitesse (f = 0,1 mm/tr, acier 100Cr6)
**[POULACHON, 1999]**

La figure I.9 montre l'évolution des efforts de coupe en fonction de la vitesse de coupe. Les trois efforts présentent une décroissance lorsque Vc augmente avec des pentes différentes. Ce constat n'est pas propre à l'usinage de matériaux durs, c'est ce qui est appelé l'effet grande vitesse.

47

Ce qui est intéressant à noter, c'est que cet effet qui est favorable à l'effort de pénétration Fp chute d'environ 20% entre 60 et 320 m/min. Cet aspect est très important dans le cas de l'usinage de voile mince, car c'est suivant cette direction radiale que sont obtenues les dimensions.

## I.5.2. Vibrations

La mise en forme par enlèvement de matière est l'un des procédés d'élaboration de pièces mécaniques, l'outil de coupe enlève de la matière pour générer une nouvelle surface. Le processus de coupe représente un ensemble de phénomènes physico-chimiques et particulièrement dynamiques, déterminés par des déformations élastiques, plastiques et elastovisco- plastiques, des phénomènes thermiques et le frottement, etc. Ceux-ci ont lieu dans la zone de contact outil/pièce/copeau. La coupe est influencée principalement par les propriétés du matériau à usiner, la géométrie de l'outil, les conditions de coupe, les conditions de lubrification et les paramètres dynamiques tels que la raideur et l'amortissement du système usinant.

Il existe différents types de configurations de coupe : orthogonale, tridimensionnelle, oblique. Ces différentes configurations sont appliquées aux procédés d'usinage tels que le rabotage, le tournage, le fraisage, le perçage, etc.

Le tournage (Figure I.10) correspond au cas où la pièce est animée d'un mouvement de rotation où l'outil se déplace en translation (dans une et/ou deux directions) afin de générer les surfaces désirées.

Les vibrations des machines-outils sont générées par l'interaction entre le système usinant élastique et le processus d'usinage associé au fonctionnement de la machine. Le système élastique comprend le dispositif de fixation, la pièce et l'outil, son interaction avec le processus d'usinage constitue le système dynamique. Les actions du processus d'usinage sur le système élastique sont, généralement, des forces ou des moments, mais elles peuvent aussi être de nature thermique. Ces actions engendrent également des déplacements relatifs des éléments constitutifs du système élastique qui se produisent, par exemple, entre l'outil et la pièce, entre le chariot et les guidages, etc. Ces déplacements représentent la réaction du système élastique à l'action du processus d'usinage. Ils conduisent à la variation des paramètres de travail et induisent la variation des forces, des moments, de la quantité de chaleur dégagée etc **[BISU, 2007]**.

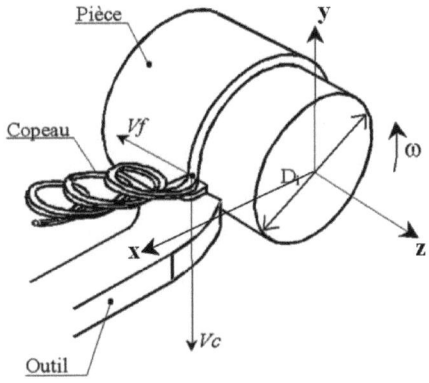

**Figure I.10 :** Procédé de Tournage.

La schématisation de l'interdépendance entre le système élastique et le processus d'usinage conduit à un système fermé **[ISPAS, 1999]**, qui contient les éléments du système dynamique, celui-ci peut être représenté comme montré dans la figure I.11, les actions du processus de travail sur le système élastique sont notées par P, F et M, ils représentent respectivement, les actions du processus de coupe, du frottement et du moteur d'entrainement. Leurs réactions sont respectivement $y_a$, $y_f$, $y_m$.

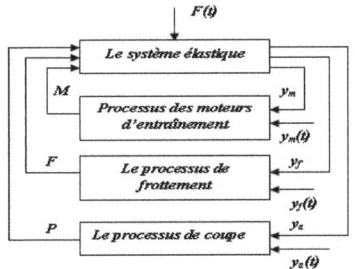

**Figure I.11 :** Système dynamique de la machine-outil.

L'apparition des vibrations pendant le fonctionnement de la machine-outil ne peut être évitée. Généralement, ces vibrations représentent des déplacements périodiques du système élastique autour de sa position d'équilibre. La valeur des déplacements dépend autant des caractéristiques des éléments du système dynamique que de l'intensité de l'interaction de ces éléments. Par exemple, dans le système dynamique de la figure I.12, il est possible que, pour une raison quelconque (non-homogénéité ou défaut du matériau, irrégularité de la section du copeau, etc.), une variation de la force de coupe soit générée. Il s'ensuit une modification de la position relative pièce-outil qui, à son tour, entraîne la variation des forces et des moments de coupe. Dans certaines conditions, ces variations peuvent être à l'origine de l'apparition de vibrations et concourir à leur entretien. Dans ce cas, l'amplitude des vibrations augmente continuellement jusqu'à la limite imposée par les forces d'amortissement du système.

Le processus de coupe peut générer deux types de vibrations : les vibrations forcées et les vibrations auto-entretenues.

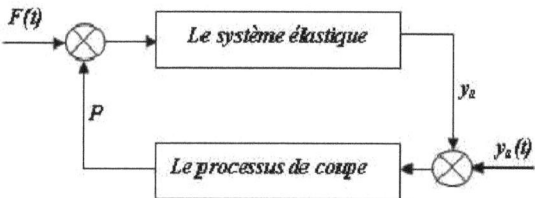

**Figure I.12 :** Interaction système élastique/processus de coupe : vibrations forcées et auto-entretenues.

## I.5.2.1. Les vibrations forcées

Les vibrations forcées sont propres à la coupe discontinue comme le fraisage, mais elles peuvent apparaitre aussi lors du tournage de pièces n'ayant pas de symétrie de révolution. Elles résultent de l'excitation périodique de la coupe, qui naît en fraisage suite au passage successif des dents lors d'une excentration de la chaine cinématique (outil, plaquette, porte-outil, pièce, broche), ou hétérogénéité de la matière usinée. Les vibrations forcées peuvent également être provoquées par des irrégularités technologiques des éléments dans l'ensemble de la machine, la fixation défectueuse de celle-ci sur la fondation, ou de par sa conception.

Ces vibrations engendrent en contrepartie des défauts sur la surface usinée en début et en fin d'usinage ou les conditions de coupe changent et perturbent le régime. Dans ce denier cas, le défaut de forme est bombé ou incurve suivant la direction parallèle à l'axe de l'outil. Ces défauts peuvent être d'autant plus grands que l'amplitude des vibrations est importante, ce qui arrive quand la fréquence d'excitation ou l'un de ses harmoniques est proche d'une fréquence propre du système d'usinage et/ou quand la variation de l'effort est importante sur une période.

### I.5.2.2. Les vibrations auto-entretenues

L'apparition des vibrations auto-entretenues correspond à l'instabilité dynamique de la machine-outil. Les vibrations auto-entretenues sont aussi appelées vibrations régénératives. Les vibrations à l'interface outil/copeau, lors de l'usinage sont principalement dues aux variations du frottement à l'interface, au contact sur la face en dépouille de l'outil et aux variations d'épaisseur et de largeur usinée. Ces dernières proviennent de la génération d'une surface ondulée lors de la passe précédente, qui influence le comportement dynamique de l'ensemble outil/porte-outil lors de la passe suivante. Le mouvement de l'outil est alors entretenu. La fluctuation des efforts de coupe excite le système. Ces mécanismes se produisent simultanément, sont interdépendants et sont à l'origine des vibrations auto-entretenues.

Ces vibrations, néfastes pour la coupe et sont la principale cause du broutement. Des états de surface médiocres sont observés ainsi qu'une usure plus importante de l'outil, une diminution de la durée de vie de l'outil et des autres éléments mécaniques. Il est donc nécessaire d'une part de comprendre le phénomène physique des vibrations auto-entretenues, et d'autre part de développer des modèles permettant d'étudier les phénomènes vibratoires rencontrés au cours de l'usinage afin de déterminer les conditions de stabilité du processus de coupe.

### I.5.2.3. Régénération de la surface

Les vibrations régénératives sont issues du phénomène de régénération de la surface usinée. Ce phénomène fût mis en évidence dans les années 50–60 par Tobias et Fishwick **[TOBIAS, 1958]** pour des opérations de tournage en coupe orthogonale (pièce tubulaire avec l'arête de coupe normale à la direction d'avance de l'outil). Cette régénération intervient lorsque l'outil entre en vibration sous l'effet d'une variation de l'effort de coupe (entrée dans la matière, inclusion dans la matière…). Ce mouvement de l'outil se répercute sur la surface usinée qui présente alors une forme ondulée. Lorsque l'outil usine à nouveau cette surface, la hauteur de coupe varie. L'outil est donc soumis à une variation des efforts de coupe qui va à nouveau le faire entrer en vibration et générer une surface ondulée (Figure I.13). Le mouvement vibratoire de l'outil va ainsi s'auto-entretenir. Les vibrations vont alors soit s'atténuer, soit s'amplifier. Si le déphasage, qui existe entre la surface précédemment usinée et la surface actuelle générée par l'outil, est suffisamment faible, la section de copeau ne varie pas significativement. La variation des efforts de coupe n'est alors pas suffisante, au regard de la raideur et de l'amortissement de l'outil, pour entretenir les vibrations. Celles-ci ont alors tendance à s'atténuer.

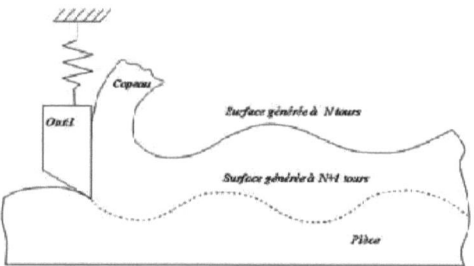

**Figure I.13 :** Phénomène de régénération de la surface.

Au contraire, si le déphasage est assez grand, la variation de coupe entretient et amplifie les vibrations jusqu'à ce que l'outil sorte de la matière. Dès lors, la qualité de la surface obtenue est fortement dégradée et l'usure de l'outil augmente anormalement.

## I.5.2.4. Phénomène de couplage des modes

Tlusty et Polacek expliquent également les vibrations auto-entretenues par le phénomène de couplage de modes **[TLUSTY, 1963]**. Ce phénomène intervient lorsqu'il y a couplage entre deux modes propres orthogonaux de l'outil. Il en résulte un mouvement relatif elliptique entre la pièce et l'outil qui engendre une variation de l'épaisseur de copeau, et donc une variation de l'effort de coupe. Cette variation de l'effort entretient ainsi le mouvement de l'outil (Figure I.14). Tlusty et Ismail **[TLUSTY, 1981]** montrent que ce phénomène intervient en même temps que la régénération de la surface. Le couplage des modes n'intervient plus avec un système à un degré de liberté.

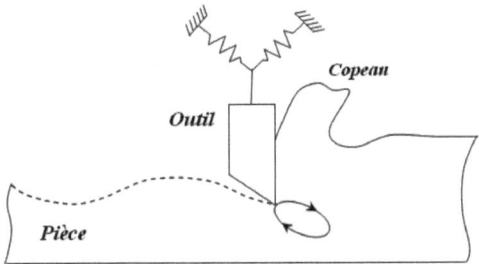

**Figure I.14 :** Phénomène de couplage des modes.

## I.6. Endommagement des outils de coupe

La connaissance des mécanismes d'endommagement est un aspect très important de la coupe des métaux car l'usure des outils participe pour une grande part dans le coût des opérations d'usinage. Le changement de la géométrie des outils, corollaire de l'usure, modifie les conditions de coupe et par conséquent détériore la qualité de l'usinage. L'usure peut avoir des origines mécaniques telle que l'abrasion ou bien activée chimiquement comme la diffusion, et chaque mécanisme d'endommagement agit sur l'outil à des niveaux différents selon les conditions spécifiques de l'usinage. La prédominance d'un des mécanismes ou l'effet combiné de plusieurs d'entre eux dépend à la fois du type d'opération d'usinage, des conditions de coupe et des propriétés physico-chimiques des matériaux mis en jeu. Les phénomènes tribologiques aux interfaces contrôlent alors la nature et la sévérité des usures.

Par exemple, la figure I.15 montre que dès que la température à l'interface outil-copeau atteint des valeurs suffisamment élevées, l'abrasion fait généralement place au phénomène de diffusion, **[LIST, 2004]**.

L'analyse du mécanisme de la coupe montre l'importance des phénomènes de déformation plastique et de fissuration au sein du matériau usiné, mais aussi celle des phénomènes inter-faciaux qui déterminent les actions réciproques de l'outil et du copeau.

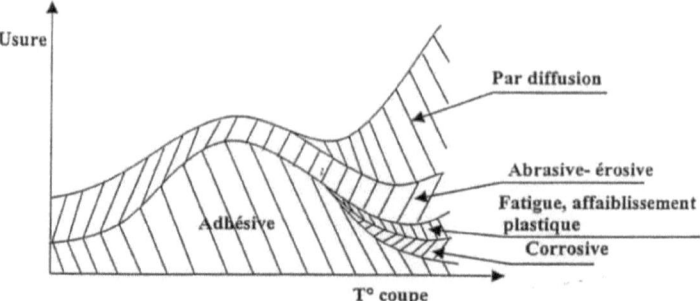

**Figure I.15 :** Forme de l'usure en fonction de la température **[OPITZ, 1967]**

Dans l'usinage des métaux, on constate que la forme géométrique et l'état physique de l'outil sont modifiés par l'action combinée des forces de coupe et par la température atteinte par le tranchant. Ces modifications qui augmentent progressivement avec la durée d'usinage, sont couramment regroupées sous le terme *usure de l'outil*.

L'usure de l'outil découle des sollicitations sévères que subit le tranchant à l'interface outil-copeau. Celles-ci sont d'abord de nature mécanique. Il s'agit de contraintes permanentes ou cycliques et d'actions de frottement en surface. Ceci exige pour l'outil des qualités de dureté et de ténacité remarquables.

Les phénomènes physiques qui provoquent la dégradation progressive du tranchant et, corrélativement, des qualités géométriques et mécaniques de la surface usinée, se traduisent par des modifications d'aspect visibles à l'œil nu ou à l'aide d'un microscope. Ces manifestations macroscopiques permettent d'apprécier objectivement l'évolution de l'usure en fonction de divers paramètres géométriques mesurables. Cette usure se manifeste sous plusieurs formes, dont les principales sont : l'usure en dépouille, l'usure en cratère et la fissuration de l'arête coupante suivie par la chute partielle ou totale de l'arête même.

Le travail mécanique fourni pour créer un copeau est presque intégralement transformé en chaleur. L'élévation de température qui en résulte est l'une des causes majeures de l'endommagement de l'outil. La figure I.16 illustre le type de distribution de température que l'on peut observer sur l'outil **[TRENT, 1977]**.

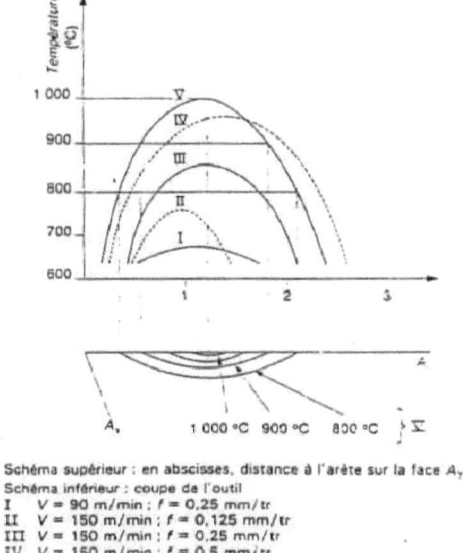

**Figure I.16 :** Cartes des températures atteintes [TRENT, 1977].

## I.6.1. Différents mécanismes d'usure

### I.6.1.1. Usure par abrasion

L'usure abrasive des outils de coupe résulte de l'arrachement sur leur surface de micro-copeaux produits par des particules souvent anguleuses et de grandes duretés qui peuvent être contenues dans le matériau usiné (inclusions). Les particules sont toujours renouvelées. Les produits d'abrasion sont éliminés en continu avec les copeaux. La vitesse d'usure abrasive croît avec la quantité de particules abrasives qui entrent en contact avec l'outil par unité de temps. Elle croît donc avec la vitesse de coupe. L'usure par abrasion est l'usure dominante quand le contact à l'interface outil-copeau est essentiellement du glissement, **[TRENT, 2000] ;** **[GEKONDE, 2002].**

### I.6.1.2. Usure par adhésion

Les surfaces de l'outil et du copeau ont une microgéométrie qui comporte des aspérités. Comptes tenu des efforts de coupe imposés, des jonctions métalliques, véritables microsoudures se forment. Celles-ci sont rompues en continu puisqu'il y a le mouvement relatif du copeau et de l'outil :

• Si les jonctions sont plus résistantes que le métal voisin du copeau, les ruptures se produisent dans la masse du copeau et des fragments du copeau viennent adhérer sur l'outil, ce qui constitue une arête rapportée,

• Si les jonctions sont à la fois plus résistante que le métal voisin du copeau et que la surface du matériau d'outil, les ruptures se produisent en majorité dans la masse du copeau et pour quelques unes à la surface de l'outil.

L'usure par adhésion dépend de la pression appliquée au contact outil-copeau et par conséquent des caractéristiques de dureté et d'écrouissabilité du matériau usiné, de l'épaisseur du copeau et de la rigidité de la liaison outil-pièce. L'usure par adhésion dépend aussi de la vitesse de coupe. Un accroissement de la vitesse de coupe provoque une moindre résistance à l'écrasement du copeau mais aussi une moindre résistance au cisaillement des jonctions établies (Figure I.17).

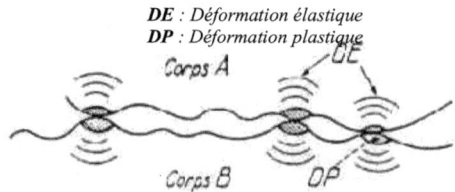

**Figure I.17 :** Contact de deux corps métalliques

La figure I.15 (formes d'usure fonction de la température) montre que l'usure croit avec la température de coupe, par conséquent la vitesse de coupe Vc, passe par un maximum puis décroît **[OPITZ, 1967]**. L'usure par adhésion mécanique est caractéristique des usinages à vitesse de coupe modeste (Vc < 50 m/min).

Le mécanisme d'arêtes rapportées est d'une grande importance pratique. Lorsque les éléments du copeau ont tendance à venir coller sur l'outil, l'amas constitué peut avoir une géométrie de type pédoncule (Figure I.18) il en résulte une modification des cotes de la pièce usinée et l'état de surfac. L'arête rapportée est partiellement évacuée périodiquement, ce qui provoque des variations effectives de la profondeur de passe.

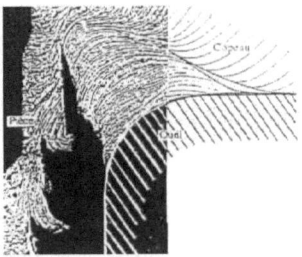

**Figure I.18 :** Arête rapportée **[BETZ, 1971]**

### I.6.1.3. Usure par diffusion

Les mécanismes d'usure des outils par diffusion ont fait l'objet d'études poussées **[LOLADZE, 1981]**. Aux grandes vitesses de coupe, le gradient de températures à l'interface copeau/outil est particulièrement important. Une couche de glissement facile, se constitue avec fluage du matériau du copeau. La vitesse de diffusion éventuelle d'un élément d'alliage de l'outil dans le copeau est très grande en raison des températures atteintes, d'autant plus que cet élément est absent du matériau usiné. Comme il y a renouvellement continu du copeau, la "demande" en élément diffusant reste constante au cours de l'opération.

### I.6.1.4. Usure par fluage et oxydation

Pour des vitesses de coupe qui dépassent les vitesses normales d'emploi de l'outil, sa géométrie peut encore être endommagée par fluage ou oxydation.

Pour le fluage, l'outil est soumis sur sa face d'attaque à des contraintes normales de compression maximales sur l'arête de coupe. Elle peut s'écraser compte tenu de la distribution des températures. On peut obtenir un cisaillement caractéristique avec un bourrelet à l'arrière.

L'outil peut s'oxyder à l'air ambiant, en raison des températures atteintes, en particulier dans les zones bien aérées au voisinage de la zone de coupe proprement dite. Ces deux mécanismes croissent avec la vitesse de coupe. Ils n'interviennent que dans des conditions de travail anormales en usinage conventionnel mais leur présence en UGV et en TD doit être étudiée.

### I.6.1.5. Usure avec effets de chocs

L'écaillage des faces de l'outil peut résulter d'une certaine fragilité ou de fatigue mécanique et thermique. Pour une rupture fragile, un tel endommagement apparaît dans les premiers instants de coupe. Il est dû à un excès d'efforts de coupe. La fatigue mécanique entraîne la rupture sous l'effet de variation de sollicitations dues au mode d'usinage (coupe discontinue), à la géométrie des pièces (faux rond, rainure, ...), ou encore à la structure du métal usiné (calamine, tôle oxycoupée ...). Les chocs thermiques supportés par les outils sont très sévères soit pendant les arrêts de coupe soit par le refroidissement dû à un arrosage discontinu. La température décroît très vite en surface et plus lentement dans le cœur. La surface de l'outil est mise en traction et des fissures thermiques peuvent apparaître. Les outils céramiques sont très sensibles à ces phénomènes d'endommagement.

### I.6.2. Différentes formes d'usure

Le frottement copeau-outil donne lieu à des phénomènes de grippage et d'arrachement, ce qui correspond à l'usure adhésive. A partir d'une certaine vitesse, donc d'une certaine température correspondant à l'apparition d'une couche de glissement facile et d'une arête rapportée, l'usure adhésive devient moins importante et se traduit par un changement de pente sur la courbe. Si l'on augmente la vitesse de coupe, le mécanisme d'usure par diffusion entre alors en jeu. Avec l'intensification des effets thermiques, il peut apparaître une usure par effet d'oxydation, l'amélioration relative apportée par l'apparition de la couche de glissement facile se trouve alors neutralisée. Si l'on augmente alors la vitesse de coupe, l'usure par diffusion croît de façon très importante [TAHMI, 2006].

L'observation de la partie active de l'outil permet de révéler des formes d'usure caractéristiques qui correspondent aux conditions dans lesquelles l'outil travaille. Les formes d'usure des outils de coupe dépendent essentiellement de la nature de l'outil, du matériau usiné, des conditions de coupe et du type d'usinage. De manière habituelle, pour des outils usuels, les formes suivantes sont décrites (Figure I.19) :

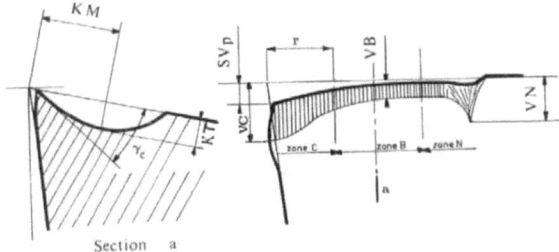

**Figure I.19** : Principales usures d'un outil de coupe

## I.6.2.1. Usure en dépouille ou usure frontale

Elle est due au frottement de la pièce sur la face de dépouille de l'outil et elle se manifeste par l'apparition d'une bande striée et brillante parallèle à l'arête, et elle est caractérisée par la largeur moyenne de cette bande VB (Figure I.20). Du point de vue pratique, l'usure frontale est la plus importante à considérer, puisqu'elle détermine la précision dimensionnelle et l'état de surface de la pièce usinée **[REMADNA, 2001]**.

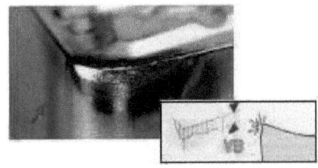

**Figure I.20** : Usure en dépouille d'une plaquette de coupe

## I.6.2.2. Cratérisation de la face d'attaque

Elle est caractérisée par une cuvette formée sur la face d'attaque de l'outil par frottement du copeau. Au cours de l'usure, les dimensions et la profondeur KT de même que la position du cratère évoluent et influent en particulier sur le rayon d'enroulement du copeau, le flanc arrière du cratère pouvant jouer le rôle d'un brise-copeau naturel.

Cette forme d'usure est due à l'existence de températures élevées au contact copeau-outil provoquant une diffusion importante. Elle se manifeste en particulier lors de l'usinage avec des outils en carbures ou en céramiques. La forme du cratère peut être définie par sa profondeur maximale *KT*, le rapport de cratérisation *KT/KM* et par l'angle de cratérisation $\gamma_c$ (Figure I.21).

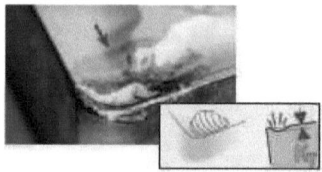

Figure I.21 : Usure en cratère d'une plaquette de coupe

## I.6.2.3. Entaille

Pour certains outils, et dans certaines conditions de coupe, il se produit une entaille sur l'arête tranchante, à la hauteur du diamètre périphérique de la pièce. Ce phénomène est dû au mode d'évacuation de l'arête rapportée et des forts taux d'écrouissage de la pièce dans cette zone.

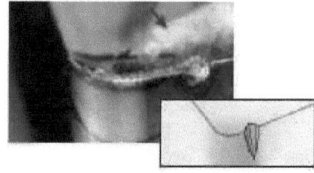

Figure I.22 : Usure en entaille d'une plaquette de coupe

L'association des conditions de coupe, devenues mauvaises et le refoulement de matière sur la périphérie de la pièce provoque l'accroissement de l'entaille jusqu'à atteindre une valeur VN, celle-ci est importante par rapport à la valeur VB de la largeur de bande d'usure frontale, elle entraîne un affaiblissement considérable du bec de l'outil (Figure I.22).

## I.6.2.4. Ebréchures et fissuration d'arête

Appelée aussi usure en peigne, elle se manifeste sous forme de petites fissures perpendiculaires à l'arête de coupe. Cette usure est due aux vibrations ou aux fluctuations thermiques causées soit par un usinage intermittent, soit par une variation du débit d'arrosage, elle apparaît lors de l'usinage des alliages réfractaires. Elle provoque un écaillage et une dégradation de l'état de surface de la pièce usinée (Figure I.23).

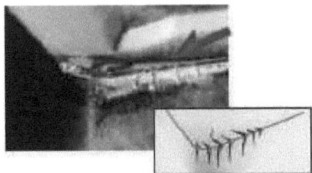

**Figure I.23 :** Ebréchures et fissuration de l'arête de l'outil

## I.6.2.5. Déformation plastique

La pointe de l'outil peut subir une déformation permanente sous l'effet des températures élevées et des hautes pressions. Ce type d'usure apparait lors de l'usinage des matériaux à hautes résistances mécaniques ou à faible usinabilité en utilisant des outils en carbures métalliques ; il est favorisé par les vitesses de coupe et les avances élevées. Il se traduit par un affaissement plastique de la pointe de l'outil caractérisé par la valeur de la flèche SVp, et par un renflement sur les faces en contre dépouille. Il s'en suit une modification importante de la géométrie de la pointe de l'outil qui nuit à la précision et à l'état de la surface usinée. Cet affaissement entraîne une usure frontale vers la pointe de l'outil dans la zone C, de valeur VC généralement supérieure à la valeur VB dans la zone centrale B, et, une déformation importante du cratère. Celui-ci présente alors une profondeur maximale au niveau de l'arête secondaire de l'outil (Figure I.24).

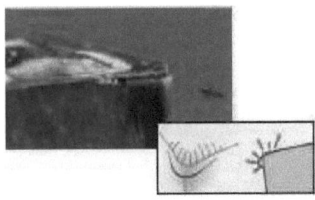

**Figure I.24 :** Déformation plastique du bec d'une plaquette de coupe

## I.6.2.6. Rupture de la pointe de l'outil

Cette rupture se produit lors des opérations d'usinage où l'outil est trop fragile, les performances du matériau de l'outil sont relativement faibles devant celles de la pièce usinée ou bien encore si la charge (avance et profondeur de passe) est excessive sur la plaquette. D'habitude ce phénomène est observé dans le cas des outils en acier rapide (Figure I.25).

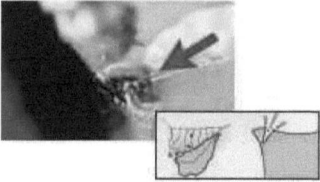

**Figure I.25 :** Rupture de la pointe de l'outil

## I.6.3. Critères d'usure

### I.6.3.1. Critères directs

- Usure frontale, critère caractérisé par une largeur $VB_{limite}$ de la bande d'usure sur la face en dépouille de l'outil ;

- Cratérisation, critère défini par la valeur limite de la profondeur du cratère $KT_{limite}$, ou par la valeur limite du rapport de cratérisation KT/KM, ou par une valeur limite de l'angle de cratérisation $\gamma_c$ ;

- « Mort de l'outil », critère utilisé principalement pour les outils en acier rapide ;

- Usure volumétrique ou massique, critère caractérisé par la perte en poids de l'outil ;

- Variations des côtes des surfaces usinées, critère utilisé pour déterminer l'usinabilité des aciers.

### I.6.3.2. Critères indirects

- Les efforts et le travail spécifique de coupe ;

- La rugosité de la surface usinée ;

- La température à la pointe de l'outil.

## I.7. Intégrité de surface

Intégrité de surface est le terme utilisé pour décrire l'ensemble des paramètres liés à la caractérisation micro-géométrique et structurale d'une pièce finie. Les études : de l'état de surface, des contraintes résiduelles, de la texture, de la dureté et de la micro-dureté fournissent des informations qui permettent d'estimer l'impact du procédé sur la surface usinée et ses propriétés mécaniques. La connaissance précise de l'état de contraintes résiduelles d'une pièce finie permet de faire des prédictions sur sa tenue en fatigue. Cela montre bien l'enjeu industriel que représente la maîtrise des paramètres liés à l'intégrité de surface, au delà d'un intérêt purement scientifique.

## I. 7.1. Etat de surface

En fabrication mécanique, les paramètres d'état de surface sont très importants, la connaissance de leur signification permet au technicien de pouvoir choisir les moyens de fabrication adéquats. Dès les débuts de l'usinage industriel, il a fallu définir la qualité de la surface usinée. Outre les aspects dimensionnels, il est aussi nécessaire de définir l'état de rugosité de la surface.

## I. 7.1.1. Définition

On appelle état de surface les irrégularités des surfaces dues au procédé d'élaboration de la pièce tel que l'usinage, le moulage, etc. (Figure I.26). Il est, le plus souvent, mesuré avec des appareils à palpeur à pointe de diamant, appelés profilomètres qui relèvent le profil de la surface. Le critère le plus utilisé dans le milieu industriel est le paramètre statistique Ra **[ISO 4287, 1997] ; [ISO 4288, 1998] ; [SCHEFFER, 1969]** (Figure I.27) défini par l'expression :

$$Ra = \frac{1}{L} \int_0^L |(Y_R - R_P)| \, dX_R \qquad (I.2)$$

$Ra$   : Rugosité (µm)
$L$     : Longueur de mesure (µm)
$Y_R$  : Amplitude (µm)
$X_R$  : Abscisse (µm)
$R_P$  : Profondeur moyenne de rugosité

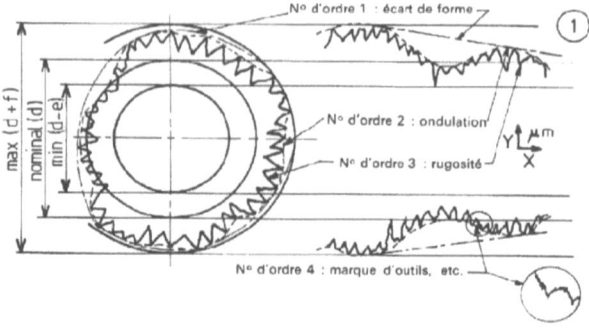

**Figure I.26 :** Etat de surface d'une pièce usinée

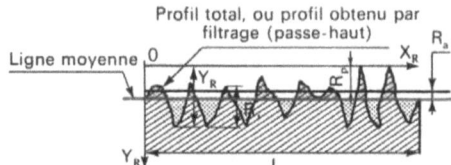

**Figure I.27 :** Profil d'une surface usinée

## I.7.1.2. Valeur théorique de la rugosité

Le critère de rugosité moyenne arithmétique Ra et le critère de rugosité moyenne R sont les plus fréquemment employés. En tournage, ces deux critères peuvent être calculés selon les expressions suivantes (Figure I.28) :

$$R_a = \frac{f^2}{18\sqrt{3} \cdot 8r} \qquad (I.3)$$

$$R_{max} = \frac{f^2}{8r} \, 1000 \qquad (I.4)$$

$$R = K \cdot R_a \quad avec \quad 4 \leq K \leq 5$$

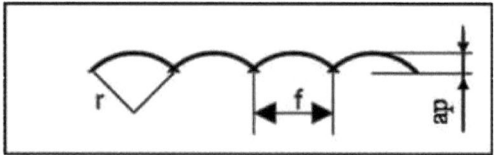

**Figure I.28 :** Calcul des critères de rugosité

### I.7.1.3. Spécification normalisée

1 : Critère d'état de surface demandé
2 : Valeurs numériques des critères demandés
3 : Position des stries par rapport à la surface
4 : Fonction de la surface
5 : Procédé d'élaboration éventuel.

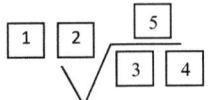 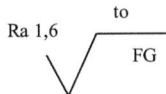

## I.7.1.4. Limite du critère de rugosité Ra

Le critère Ra a été contesté par de nombreux chercheurs **[ZAHOUANI, 1989] ; [ZAHOUANI, 1997] ; [THOMAS, 1981]**, car il ne représente en fait que la moyenne d'un signal redressé. La pertinence de cette contestation se répand petit à petit dans le milieu industriel. Ainsi, les grandeurs tribologiques importantes retenues par les entreprises du secteur automobile représentent d'autres critères tels que Rp alors que le critère Ra n'est pas indiqué. Le critère Ra reste encore le plus répandu dans l'industrie, seules les entreprises de pointe utilisent d'autres paramètres pour caractériser les états de surface des pièces usinées, car sa sensibilité permet de faire la distinction entre des surfaces de qualités différentes.

Le niveau de qualité de surface demandé à l'usinage a évolué dans le temps, notamment pour l'usinage d'aciers traités thermiquement avec l'avènement des outils pour matériaux durs. Les progrès réalisés dans la fabrication des outils ouvraient alors la voie au tournage dur. Désormais, il est courant de voir des pièces ayant une qualité de surface de 0,15 μm (Ra) obtenue directement par usinage sans rectification.

## I.7.1.5. Paramètres influençant la rugosité

Lors du tournage des pièces mécaniques, plusieurs paramètres entrent en jeu pour déterminer la qualité de l'état de la surface usinée, ils dépendent de :
- la combinaison de l'avance par tour et du rayon du bec de l'outil ;
- la stabilité de la machine-outil ;
- les vibrations générées lors de l'usinage ;

- les variations thermiques ;
- le mode de la coupe : travail à sec ou lubrifié ;
- la présence ou non d'une arête rapportée...

## I.7.2. Contraintes résiduelles

Il y a deux principaux types de dommages des surfaces qui peuvent être provoqués en tournage dur : Le premier est la couche blanche, qui résulte généralement des températures produites sur la surface de la pièce et qui excèdent la température d'austenitisation du matériau, suivie du refroidissement rapide. Le deuxième type de dommages est l'apparition des contraintes résiduelles indésirables, à et sous la surface de la pièce usinée. Les charges mécaniques, l'écoulement plastique et la transformation de phase peuvent affecter les contraintes résiduelles, mais les effets négatifs sont principalement dus aux températures élevées pendant l'usinage. Ainsi, les deux types de dommages (la couche blanche et les contraintes résiduelles) sont connexes et sont généralement étudiés ensemble.

À la différence des contraintes résiduelles de tension, les niveaux raisonnables des contraintes de compression sont souhaitables. En se basant sur les contraintes résiduelles provoquées seulement par les charges mécaniques, les surfaces dures tournées montrent une
durée de fatigue élevée comparée aux surfaces rectifiées. Cependant, les contraintes de tension indésirables produites par la chaleur sont superposées aux contraintes de compression **[KONIG, 1993]** ; **[TONSHOFF, 1995]**. À mesure que l'usure en dépouille de l'outil augmente (par conséquent l'énergie de friction entre la surface en dépouille de l'outil et la pièce augmente), la profondeur des contraintes de compression induites par les charges mécaniques augmente. Ainsi, l'augmentation de l'usure de l'outil a comme conséquence de plus grandes contraintes de tension près de la surface, suivie des gradients raides de contraintes avec de plus grandes contraintes de compression plus loin sous la surface. Un outil avec une très petite usure en dépouille produit moins de contraintes que celui sensiblement usé.

## I.7.3. Couches blanches

Le tournage dur affecte la microstructure de surface durcie lorsqu'une plaquette devient émoussée et laisse la chaleur s'écouler dans la pièce, la couche ainsi générée est connue sous le nom de couche blanche. Cela survient souvent sur les aciers à roulements où le phénomène est problématique sur les portées de roulement qui sont soumises à de fortes pressions de contact.

Cette couche invisible à l'œil nu représente une coquille extrêmement mince, de 1 μm environ et admet une dureté supérieure à celle du substrat qu'elle recouvre. L'examen cristallographique sur une pièce usinée peut laisser apparaître à sa surface une couche blanche qui n'est pas attaquable à l'acide et qui augmente avec l'augmentation de l'usure de l'outil. L'apparition de cette couche est favorisée, en particulier par les fortes pressions et les températures élevées générées surtout par le frottement entre l'outil et la pièce à usiner au fur et à mesure de l'usure. Elle est principalement constituée de martensite de structure tétragonale et d'austénite. La structure granuleuse de la couche est plus fine que celle du matériau usiné et elle est très dure. La couche blanche est toutefois de qualité moindre et peut provoquer des microfissures à ou sous la surface et un effritement. Dans cette couche, on note une tension de compression résiduelle constante élevée.

La figure I.29 présente la microstructure, avec un agrandissement de vingt cinq fois d'une surface obtenue avec un outil neuf à une vitesse de coupe de 50 m/min et une avance de 0.1 mm/tr, elle montre la martensite sans apparition de la couche blanche, alors que sur la figure I.30 on distingue clairement la martensite et la couche blanche résultat d'un usinage à l'aide d'un outil usé à une vitesse de coupe de 150 m/min et une avance de 0.1 mm/tr **[BARTHA, 2005]**.

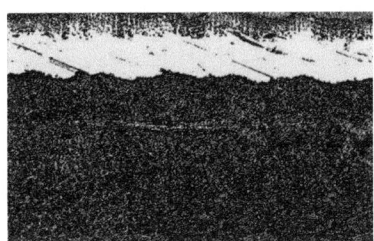

**Figure I.29 :** Microstructure de martensite sans couche
blanche produite avec un outil neuf.

**Figure I.30 :** Microstructure de martensite avec couche
blanche produite avec un outil usé.

## I.7.4. Aspects thermiques de la coupe

Le processus d'usinage génère une forte chaleur dans la zone de coupe ainsi, la connaissance des températures, particulièrement dans l'outil, constitue un critère d'appréciation pour mieux comprendre les mécanismes d'usure des outils de coupe. Le tableau I.7 résume les principales plages de température pour lesquelles il y a un phénomène d'oxydation ou un changement microstructural.

La connaissance de la température en usinage contribue au développement de nouveaux outils de coupe (composition du matériau de l'outil, géométrie, revêtement ...) et par conséquent à l'augmentation de la durée de vie des outils afin de diminuer le coût de la production industrielle **[KAGNAYA, 2009]**.

| Matériau d'outil | Domaine de température (°C) pour : | |
|---|---|---|
| | Oxydation | Transformation structurale |
| Acier Rapide (HSS) | – | > 600 (au dessus de la trempe) |
| WC-Co carbure | > 500 | > 900–950 (dissolution de WC dans Co) |
| Mélange carbures/cermets | > 700 | – |
| Céramique | – | > 1350–1500 (fusion intergranulaire) |
| PCBN | – | > 1100–1350 (Changement du réseau en hexagonal) |
| PCD (diamant) | > 900 | > 700 (Transformation en graphite) |

**Tableau I.7 :** Domaine d'oxydation et de changement de la structure
du matériau d'outil **[CHILDS, 2000]**

## I.7.4.1. Production de chaleur

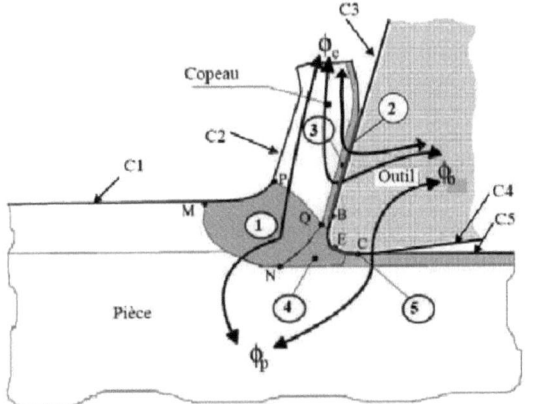

- φo, φp, φc : flux respectifs dissipés dans l'outil, la pièce et le copeau.
- Ci {i=1 à 5} : conditions aux limites du système.

**Figure I.31 :** Zones de production et de transfert de chaleur en usinage **[BATTAGLIA, 2002]**

L'élévation de la température lors d'un processus d'usinage est due à un effet conjugué des phénomènes de dissipation d'énergie plastique dans les différentes zones de déformation et des phénomènes de frottement. Ces différentes zones de déformation sont définies sur la figure I.31.

### Zone 1
Production de chaleur due à la déformation plastique dans la première zone de cisaillement (ZCP)

### Zone 2
Production de chaleur due au frottement à l'interface outil/copeau (IOC)

### Zone 3
Production de chaleur due à la déformation plastique dans la seconde zone de cisaillement (ZCS)

### Zone 4
Production de chaleur due à la déformation plastique dans la troisième zone de déformation (ZCT).

### Zone 5
Production de la chaleur due au frottement à l'interface outil/pièce (IOP).

La chaleur produite dans ces différentes zones est transmise au copeau, à l'outil et à la pièce. Actuellement, la quantification du niveau de chaleur généré constitue un challenge dans les domaines de la recherche académique et industrielle. L'aspect thermique sera davantage présenté sous forme d'une description phénoménologique.

## I.7.4.2. Le transfert thermique en usinage

Pour construire un modèle thermique qui soit le plus représentatif des phénomènes thermiques observés en usinage et qui soit capable de prédire les températures rencontrées lors des expériences, il convient de connaître :
- Les différents modes de transfert de chaleur et les différents régimes thermiques ;
- Les conditions aux limites dans le processus de coupe (conditions environnementales de l'usinage) ;
- La quantification de la distribution de la chaleur dans les zones de production et aux interfaces de frottement.

Les modes de transfert thermique rencontrés en usinage sont classiquement connus : la conduction, la convection et le rayonnement. Notons que les deux premiers modes sont majoritaires et sont souvent couplés. Un bilan thermique dans chaque zone permettra une bonne analyse des phénomènes thermiques.

### a. Bilan thermique des Zones 1 et 3

Dans ces deux zones la production de chaleur est due à la déformation plastique. Le bilan thermique correspondant est donné par la relation (1.7) :

$$\rho c T + k \nabla T = Q_{plas} \qquad (1.5)$$

Où

$\rho$ : la masse volumique ;

$c$ : la capacité thermique ;

$k$ : la conductivité thermique du matériau usiné.

Le premier terme représente la variation temporelle de la température, le second représente la conduction et le membre de droite représente la dissipation due à la déformation plastique.

Dans le cas de la déformation rapide, le phénomène de la conduction est négligeable. Ce cas correspond à un système thermique adiabatique. En effet, en usinage et particulièrement à grande vitesse de coupe, la conduction thermique dans la zone de cisaillement primaire est considérée comme adiabatique. Cette hypothèse est bien justifiée puisque le phénomène de déformation plastique est très rapide, limitant ainsi le phénomène de conduction. Par contre dans la zone 4 où il y a une forte pression et une stagnation de la matière, la condition d'adiabaticité n'est plus valable d'autant puisque la conductivité dépend de la pression de contact. La figure I.32 montre un récapitulatif réalisé par Komanduri et Hou **[KOMANDURI, 2000]**. Elle illustre différents modèles phénoménologiques de l'analyse thermique de la première zone de cisaillement. En effet, pour bien prendre en compte la température dans les lois de comportement des matériaux à usiner, la température de cette zone doit être bien connue. L'inaccessibilité de cette zone rend difficile la mesure de la température. Ainsi beaucoup d'efforts continuent d'être consentis pour mieux prédire la température. Ces efforts concernent la répartition de la chaleur entre la pièce et le copeau dans la zone 1 d'une part et entre l'outil et le copeau dans la zone 2 d'autre part.

### b. Bilan thermique des Zone 2 et 5

Dans ces deux zones la chaleur est produite par le frottement. L'estimation de la température est importante car elle conduit à une fragilisation et à une usure des outils de coupe. Ici deux corps différents sont en contact, le problème de coefficient de partage de flux devient pertinent.

La figure I.33 extraite des travaux de recherche de Ceretti et al. représente un modèle phénoménologique de transfert de chaleur dans l'outil. Il apparaît clairement sur cette figure un apport de chaleur dû au frottement ($Q_1$) et une perte de chaleur par conductance ($Q_2$).

En plus de trouver la part du flux entrant dans l'outil, le phénomène de résistance de contact, particulièrement celui de la constriction, reste un challenge pour mieux comprendre le transfert de chaleur dans ces zones.

### c. Bilan thermique de la Zone 4

La production de chaleur dans cette zone est identique à celle de la zone 1. Le comportement thermique n'est pas clairement identifié. Cette zone située en amont de l'arête de coupe, qualifiée de zone morte, engendre des pressions très élevées sur l'arête de coupe. Généralement la modélisation de la température de cette zone et celle de l'interface outil/copeau ne sont pas dissociées. La pression est élevée dans cette zone et génère une stagnation de la matière usinée et modifie ainsi le comportement thermique par rapport l'interface outil/copeau.

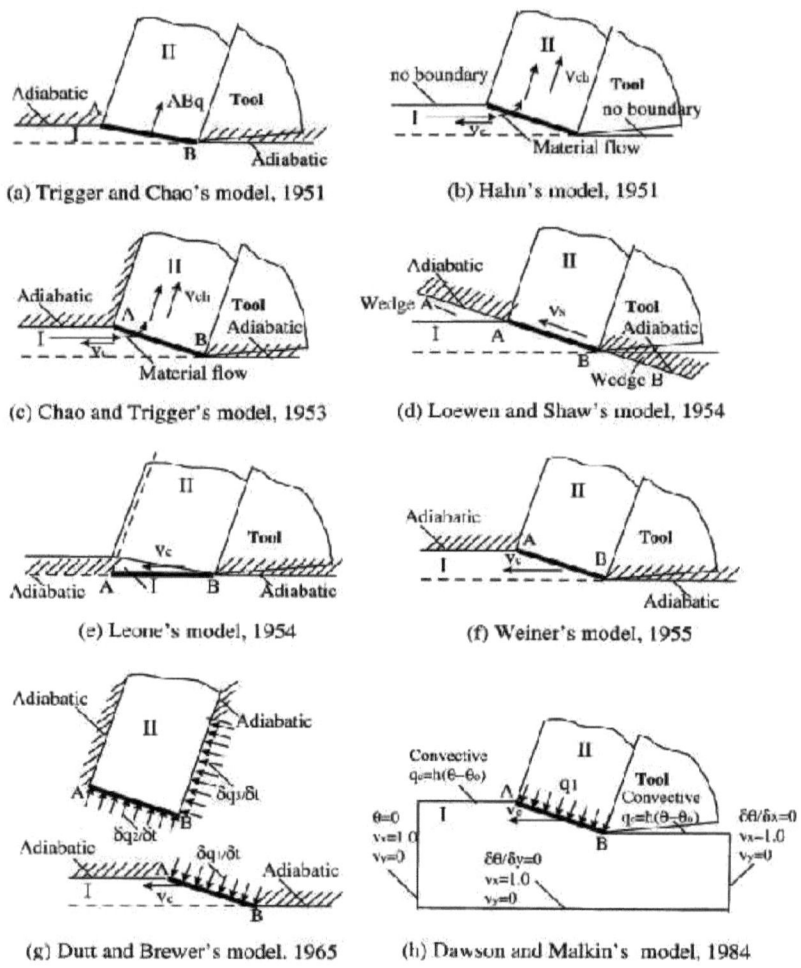

**Figure I.32 :** Modèles de distribution de la température dans le copeau et la pièce (ZCP) **[KOMANDURI, 2000].**

Enfin, l'analyse thermique présentée illustre bien les phénomènes de transfert de chaleur qui se produisent en usinage. Le fait de considérer la modélisation du transfert de chaleur en usinage par dissociation des différentes zones montre bien la complexité du transfert de chaleur dans un procédé de coupe.

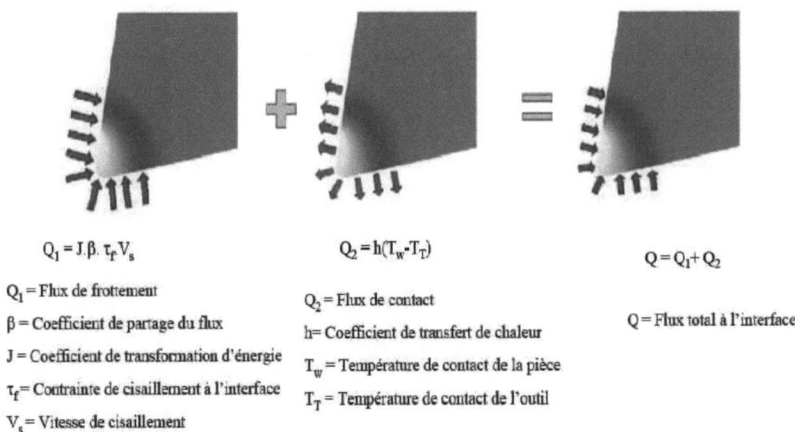

$Q_1 = J.\beta. \tau_f V_s$

$Q_2 = h(T_w - T_T)$

$Q = Q_1 + Q_2$

$Q_1 =$ Flux de frottement

$\beta =$ Coefficient de partage du flux

$J =$ Coefficient de transformation d'énergie

$\tau_f =$ Contrainte de cisaillement à l'interface

$V_s =$ Vitesse de cisaillement

$Q_2 =$ Flux de contact

$h =$ Coefficient de transfert de chaleur

$T_w =$ Température de contact de la pièce

$T_T =$ Température de contact de l'outil

$Q =$ Flux total à l'interface

**Figure I.33 :** Flux généré à l'interface de contact outil/copeau, **[CERETTI, 2007]**.

### I.7.4.3.Moyens de mesures de la température en usinage.

Dans le domaine de l'usinage, la mesure de la température dans la zone de coupe est d'une importance capitale car elle a un rôle sur l'usure des outils de coupe et des propriétés de la surface usinée. Nombreuses et variées sont les méthodes mises à disposition pour mesurer la température, elles tiennent compte de la technique, de la liaison et du mode de transfert thermique de l'objet (outil, pièce ou copeau) vers le moyen de mesure (thermocouple, caméra...). Les méthodes de mesure par des caméras infrarouges et par des thermocouples restent les techniques les plus utilisées **[KAGNAYA, 2009]**.

### I.7.4.3.1. Méthode par thermocouples

La méthode de mesure par thermocouple est la plus utilisée **[KOMANDURI, 2001]**. Il existe deux techniques de mesures par thermocouples :

**a. Thermocouple implanté**

Le thermocouple implanté est généralement constitué de deux métaux dissemblables dont le contact produit de la thermoélectricité. Le contact entre le point de soudure des deux métaux et l'outil représente le point chaud. Le thermocouple est implanté dans un trou réalisé dans l'outil de coupe lors de la fabrication ou par électroérosion après fabrication. Cette méthode demande donc une démarche rigoureuse pour minimiser les erreurs (dues par exemple à l'implantation des thermocouples) qui peuvent se produire pendant la mesure.

**b. Thermocouple embarqué**

Le thermocouple embarqué ou dynamique est constitué de la pièce et de l'outil de coupe (thermocouple outil-pièce) ou de l'outil de coupe et d'un fil (thermocouple outil-fil) **[DINESH, 2009]**. Le fil est en cuivre, en nickel ou en platine, mais le plus souvent un fil en platine est utilisé pour sa forte résistance à l'oxydation et sa température de fusion très élevée. Le point de contact outil-pièce et outil-fil représente le point chaud du thermocouple. Les thermocouples permettent la mesure de température au sein d'un corps et cette mesure reste locale.

## I.7.4.3.2. Méthode par radiation thermométrique.

La méthode de la thermographie concerne la technique de photographie infrarouge et la technique de mesure optique par une caméra ou la mesure par pyromètre infrarouge. La mesure est basée sur le principe qu'un corps émet un rayonnement électromagnétique. Cette technique de mesure dépend de l'émissivité qui caractérise la quantité de rayonnement émis par un corps, à une température donnée, à la quantité de rayonnement émis par un corps noir rayonnant à la même température. L'émissivité joue un rôle important dans cette méthode de mesure. Elle dépend de la température **[YOUNG, 1995]** ; **[M'SAOUBI, 2004]** et de la nature de la surface du corps rayonnant **[ZUECO, 2006]**. Ainsi le calibrage des instruments et l'environnement constituent des paramètres qui peuvent influencer la mesure.

## I.7.4.3.3. Autres méthodes de mesure de la température

Les autres méthodes de mesures de températures utilisables dans le cas d'un procédé d'usinage sont : la méthode de mesure par la thermo-résistance (ou thermistance) et la méthode thermo-physique.

**a. Méthodes de mesure de la température par thermo-résistance**

Cette méthode se base sur le principe de la variation de la résistivité (ou résistance) de certains conducteurs et semi-conducteurs. Les évolutions de cette résistivité et de cette résistance en fonction de la température sont non linéaires. Pour ce phénomène de non linéarité, la mesure de la température aux basses températures est moins précise. Les thermistances ont un temps de réponse moins rapide que les thermocouples et les caméras. Elles ont une bonne sensibilité aux variations de température et la gamme de mesure est basse par rapport aux autres méthodes de mesure, inférieure à 1000°C.

**b. Méthodes de mesure de température par peintures thermosensibles**

Cette méthode se base sur les peintures thermosensibles et la transformation de phases des matériaux. Les peintures thermosensibles les plus utilisées sont généralement caractérisées par leurs points de fusion ou leurs couleurs dans des gammes de température précises. Ceci permet d'établir une cartographie isothermique. La technique de la transformation des phases est généralement réservée aux outils en acier rapide (HSS).

## I.7.4.4. Avantages et inconvénients des techniques de mesure de la température en usinage

Les principaux avantages et inconvénients des techniques de mesure de la température en usinage sont résumés dans le tableau I.8.

| Techniques | | Méthodes | Avantages | Inconvénients |
|---|---|---|---|---|
| **Conduction thermique** | Directe | Thermocouple outil/pièce | - Simple à mettre en œuvre du point de vue acquisition des matériels.<br>- Suivi en continu. | - Seul la mesure de la température moyenne est possible<br>- Limitée aux outils dont le matériau de base est conducteur. |
| | | Thermocouple mixte (fil de platine/outil). Une soudure est réalisée entre le fil et l'outil | - Relativement facile à mettre en œuvre<br>- Suivi en continu. | - Résultat fortement perturbé par l'usure de l'outil<br>- Limitée aux outils dont le matériau de base est conducteur.<br>- Réalisation des trous fragilise les outils. |
| | Indirecte | Insertion du thermocouple dans l'outil. Un thermocouple ou une sonde est implanté dans l'outil (l'implantation peut être débouchante ou borgne) | - Mesure de la température en transitoire<br>- Suivit en continue<br>- Détection plus ou moins facile de l'usure. | - Difficile à mettre en œuvre car pour plus de précision il faudrait placer la sonde plus près de l'arrête de coupe ce qui implique la fragilisation de l'outil. Pour remédier à ce problème la technique d'insertion des sondes lors de la fabrication des inserts est mise en œuvre. Mais le problème d'étalonnage reste à résoudre (problème commun aux mesures par thermocouples).<br>- Influence de l'écoulement de la chaleur induite par les défauts locaux. |
| **Radiation thermique** | Indirecte | Pyromètre Infrarouge<br><br>Thermographie Infrarouge. | -Facile à mettre en œuvre,<br>-Réponse plus ou moins rapide,<br>-Pas d'erreur liée au contact, mais à condition que le matériel soit bien calibré<br>-Mesure facile pour les corps difficilement accessibles. Mesure du champ de température pour les caméras infrarouge. | - Précision de la mesure liée au choix du point de mesure qui n'est pas toujours évident (il faut donc assurer la rigidité du montage du système).<br>- Nécessité de connaître l'émissivité du matériau avec. précision (généralement influencée par le changement des conditions extérieures).<br>- Mesure singulière pour les pyromètres infrarouge. |
| **Transformation Métallurgique (ou métallo-graphique)** | Indirecte | Sur l'outil ou la pièce.<br><br>Par l'intermédiaire d'une poudre métallique ou d'une peinture thermosensible. | Facile à mettre en œuvre à condition de bien connaître la courbe d'étalonnage de la dureté en fonction de la température et le temps. - L'analyse métallographique (la microstructure) et/ou la microdureté dans la zone affectée.<br>- La mise en œuvre est relativement facile<br>- Permet de définir les gradients de température Ces poudres ou peintures ont des points de fusion bien connus. | - Limitée aux outils dont les phases de transformation sont connues avec précision (aciers rapides),<br>- Les fabricants des outils doivent dans ce cas prêter une attention particulière vis-à-vis de la composition du matériau de l'outil.<br>- Moins précise.<br>- Difficulté dans l'analyse de la ligne de fusion, surtout que pour les peintures le changement des couleurs n'est pas linéaire.<br>- Le temps pour que la poudre ou la peinture fonde est relativement élevé. |

**Tableau I.8 :** Techniques de mesure de la température en usinage.

# CHAPITRE II : Surveillance et diagnostic de l'usure de l'outil de coupe

## II.1. Introduction

L'usure de l'outil découle des sollicitations sévères que subit le tranchant à l'interface outil-copeau. Celles-ci sont d'abord de nature physique mais aussi mécanique. Il s'agit de contraintes permanentes ou cycliques et d'actions de frottement en surface. La dégradation de l'état de l'outil affecte aussi bien la qualité des surfaces usinées, les tolérances (spécifications) géométriques imposées, la tenue de l'outil dans le temps, et engendre des efforts élevés, qui ont pour effet d'augmenter la puissance de coupe et l'énergie consommée. En outre, une des conséquences dramatiques d'une usure non contrôlée et brutale est l'arrêt du processus de coupe, affecté d'éventuelles casses de l'outil et une usure prématurée des organes mobiles de la machine-outil, et par voie de conséquence une baisse de la productivité et de la qualité des produits. Afin de remédier à ce problème, des méthodes de quantification de l'usure des outils de coupe et d'estimation de leur durée de vie ont été développées et utilisées dans l'industrie. Ces méthodes à priori se résument dans les modèles de lois d'usure telle que le modèle de Taylor généralisé, le modèle de Kronenberg,.... Elles sont avérées insuffisantes car servant généralement à la prédiction à priori. Cet état de fait a suscité de nombreux travaux de recherche, fiables et efficaces, afin de surmonter les insuffisances signalées.

Ainsi, l'automatisation du processus de coupe est devenue une nécessité qui fait appel à des méthodes de supervision et de surveillance en ligne très robustes et fiables. Plusieurs méthodes de détection de l'usure d'outil ont été ainsi développées, et sont généralement classées en deux groupes, à savoir : méthodes directes et indirectes. Les méthodes directes sont celles qui utilisent les effets provoqués directement par l'usure de l'outil et sont représentées par les méthodes optiques et radiométriques. Cependant, elles se sont heurtées à leur caractère onéreux et difficile à mettre en œuvre. Par contre, les méthodes indirectes sont essentiellement utilisées dans l'industrie et permettent de quantifier des paramètres variables en relation avec les critères d'usure retenus **[GHASEMPOOR,**

**1999]**. Ces méthodes **[DIMLA, 2000]** sont basées le plus souvent sur la mesure des forces de coupe, l'émission acoustique, la température de coupe du tranchant d'outil, les signatures vibratoires. D'autres représentants de ces méthodes sont également connus et font appel aux lois physiques des ultrasons et de l'optique, à la technique de la rugosimétrie et de la perthométrie, à l'analyse des déformations et des contraintes mécaniques.

La prédiction de la durée de vie de l'outil de coupe à partir des modèles théoriques est souvent peu fiable, largement due au caractère non-linéaire du processus de coupe **[LEE, 1996]**.

La conception d'un système de surveillance en ligne doit tenir compte de la nature complexe du processus de coupe, à l'exemple du changement de paramètres de coupe, de l'hétérogénéité du matériau de la pièce et du matériau d'outil utilisé. Les travaux antérieurs visant le développement d'un système performant et fiable, se sont concentrés principalement sur des modèles mathématiques utilisant de grandes quantités de données expérimentales **[DIMLA, 1997]**.

## II.2. Surveillance et diagnostic

### II.2.1. Méthodes de diagnostic des défauts

Les méthodes de diagnostic utilisées dans le domaine de la surveillance des défauts sont classées en plusieurs catégories, parmi lesquelles sont citées les suivantes :

**a. Méthodes analytiques**

Elles prennent en compte les équations régissant les phénomènes internes du système et expriment les connaissances profondes sous la forme d'un modèle mathématique : La méthode du modèle compare les grandeurs déduites d'un modèle représentatif du fonctionnement des différentes entités du système avec les mesures observées (l'analyse spectrale des différents signaux issus de la machine) ; l'identification des paramètres suit l'évolution de certains paramètres physiques critiques qui ne sont pas mesurables directement et détermine un modèle mathématique représentant le comportement dynamique du système (estimation des grandeurs de la machine par l'introduction de capteurs)

**b. Méthodes de raisonnement**

Elles s'appliquent dans le cas où la modélisation n'est pas possible, les mécanismes reliant les causes des défauts ne sont pas techniquement modélisables :

- Les réseaux de neurones basés sur des mécanismes d'apprentissage et de reconnaissance sont très performants pour les petits systèmes mais nécessitent un nombre suffisant d'exemples de fonctionnement du système pour constituer la base d'apprentissage et leur coût est élevé **[FILIPPETTI, 1995]**; la reconnaissance de formes classique et discrimine les états d'un système en constituant des classes, chaque classe étant représentative d'un mode de fonctionnement du système) ;

- Les méthodes ensemblistes ou causales sont utilisées dans le cas où le système ne peut pas être modélisé numériquement : raisonnement qualitatif en utilisant des graphes orientés de causalité, raisonnement approximatif basé sur la théorie des probabilités des sous-ensembles, raisonnement causal basé sur les connaissances des relations de cause à effets de dysfonctionnement utilisant les règles de production et la logique des prédicats ;

- Les systèmes experts résolvent un problème précis à partir d'une représentation des connaissances et du raisonnement d'un ou de plusieurs experts humains.

## II.2.1.1. Méthodes de traitement des signaux

Toutes les méthodes classiques d'estimation de la Densité Spectrale de Puissance d'un signal, notée DSP, sont fondées sur la transformée de Fourier dont nous rappelons les équations comme suit :

**a. Transformée de Fourier discrète**

La transformée de Fourier Discrète, généralement notée TFD, d'une suite finie se calcul grâce à la relation :

$$F(k) = \frac{1}{N}\sum_{n=0}^{N-1} P_s(n)e^{-j\frac{2\pi nk}{N}}$$ (II.1)

Où le terme N représente le nombre de points de calcul de la TFD.

En pratique, on essaye d'avoir un nombre de point P de la suite $ps\ (n)$ supérieur ou égal au nombre de point de la FFT ($P \leq N\ p$).

La transformée de Fourier Inverse, notée ITFD, se calcul grâce à la relation :

$$P_s(n) = \sum_{n=0}^{N-1} F(k) e^{j\frac{2\pi nk}{N}} \tag{II.2}$$

En décomposant l'exponentielle de (équation II.1), le nombre complexe F(k) peut se mettre sous la forme :

$$F(k) = \frac{1}{N}\sum_{n=0}^{N-1} P_s(n)\cos(\frac{2\pi nk}{N}) - j\frac{1}{N}\sum_{n=0}^{N-1} P_s(n)\sin(\frac{2\pi nk}{N}) \tag{II.3}$$

Cette équation nous permet ainsi de définir la transformée de Fourier en cosinus, notée TDF-COS grâce à l'équation suivante :

$$F_c(k) = \frac{1}{N}\sum_{n=0}^{N-1} P_s(n)\cos(\frac{2\pi nk}{N}) \tag{II.4}$$

Ainsi que la transformée de Fourier en sinus, notée TFD-SIN, calculée avec l'équation

$$F_s(k) = \frac{1}{N}\sum_{n=0}^{N-1} P_s(n)\sin(\frac{2\pi nk}{N}) \tag{II.5}$$

Ces deux transformées permettent d'obtenir des temps de calcul réduits lorsqu'elles doivent être implantées dans un algorithme de calcul.

**b. Transformée de Fourier rapide**

L'algorithme de base de`cette transformée utilise un nombre de points N égal à une puissance de 2, ce qui permet d'obtenir un gain en temps de calcul, par rapport à un calcul avec la TFD (de l'ordre de $\log_2(n)$) de:

$$Gain = \frac{N}{Log_2(N)} \tag{II.6}$$

Cette transformée de Fourier rapide est très utilisée lorsqu'il est indispensable d'obtenir une analyse fréquentielle "en ligne" dans certains processus au travers d'une fenêtre glissante d'observation.

## II.2.1.2. Méthodes de diagnostic des défauts par analyse spectrale des signaux

A ce jour, c'est l'analyse fréquentielle des grandeurs mesurables qui est la plus utilisée pour le diagnostic de défaut, car la plupart des défauts connus peuvent être détectés avec ce type d'approche.

Pour effectuer le diagnostic d'une installation industrielle, les opérateurs analysent un certain nombre de signaux issus de la machine. En effet, l'évolution temporelle et le contenu spectral de ces signaux, peuvent être exploités pour détecter et localiser les anomalies qui affectent le bon fonctionnement de la machine. Elles font toute partie de la famille des méthodes d'estimation spectrale non-paramétriques. Les grandeurs accessibles et mesurables d'une machine peuvent être :

– Les courants absorbés ;
– Le flux de dispersion ;
– La tension d'alimentation ;
– Le couple électromagnétique ;
– La vitesse de rotation mécanique ;
– Les vibrations.

Cependant, l'équipement nécessaire pour l'acquisition et traitement des signaux reste assez coûteux.

D'après la littérature, les principales techniques du diagnostic utilisées pour obtenir des informations sur l'état de santé de la machine sont les suivantes :

### a. Diagnostic par mesure des vibrations mécaniques

D'après Han **[HAN, 2003]**, le diagnostic des défauts en utilisant les vibrations mécaniques est la méthode la plus utilisée dans la pratique. Pour la surveillance de vibrations on utilise des capteurs tels que les accéléromètres.

Des balourds magnétiques, mécaniques et/ou des forces produisent des vibrations, elles sont mesurées suivant la direction radiale ou la direction axiale. Les mesures ainsi effectuées sont analysées du point de vue spectral.

**b. Diagnostic par mesure du flux magnétique axial de fuite**

Dans une machine idéale sans défauts, les courants et les tensions statoriques sont équilibrés, ce qui annule le flux de fuite axiale. La présence d'un défaut quelconque, provoque un déséquilibre électrique et magnétique au niveau du stator ce qui donne naissance à des flux de fuite axiale de valeurs dépendantes du degré de sévérité du défaut.

Si on place une bobine autour de l'arbre de la machine, elle sera le siège d'une force électromotrice induite. L'analyse spectrale de la tension induite dans cette bobine, peut être exploitée pour détecter les différents défauts comme la rupture de la barre rotorique **[DELEROI, 1982]** ; **[THOMSON, 1983]** ; **[YAHOUI, 1996]**.

**c. Diagnostic par mesure du couple électromagnétique**

Le couple électromagnétique développé dans les machines électriques, provient de l'interaction entre le champ statorique et celui rotorique. Par conséquent, tout défaut, soit au niveau du stator ou au rotor, affecte directement le couple électromagnétique. L'analyse spectrale du signal du couple (mesuré ou estimé), donne des informations sur l'état de santé du moteur.

**d. Diagnostic par mesure de la puissance instantanée**

L'utilisation de la puissance instantanée pour la détection des défauts dans les moteurs asynchrones, a fait l'objet de nombreux travaux. Car la puissance instantanée est la somme des produits des courants et des tensions dans les trois phases statoriques. Donc, le niveau d'informations apportées par cette grandeur, est plus grand que celui d'informations apportées par le courant d'une seule phase (oscillations plus importantes et plus visibles). Ceci présente l'avantage de cette méthode par apport aux autres.

**e. Diagnostic par mesure du courant statorique**

Parmi tous les signaux utilisables, le courant statorique s'est avéré être l'un des plus intéressants, car il est très facile d'accès et nous permet de détecter aussi bien les défauts: électriques que ceux purement mécaniques **[BENBOUZID, 1999]**.

Cette technique est dénommée "Motor Current Signature Analysis" (MCSA). Les défauts de la machine asynchrone se traduisent dans le spectre du courant statorique soit par :

- L'apparition des raies spectrales dont les fréquences sont directement liées à la fréquence de rotation de la machine, aux fréquences des champs tournants et aux paramètres physiques de la machine (nombre d'encoche rotorique et nombre de paires de pôles).

Ou bien par

- La modification de l'amplitude des raies spectrales, déjà présentées dans le spectre du courant.

La surveillance via le courant statorique nécessite une bonne connaissance des défauts et leurs signatures. Elles sont utilisées pour le moment dans le contexte de machines alimentées par le réseau et pour la recherche de la fréquence caractéristiques de défauts. S. M. A. Cruz et M. Cardoso [CRUZ, 1999] ont présenté l'approche du vecteur de Park. Cette approche utilise les grandeurs biphasées $i_{sd}$, et $i_{sq}$ pour l'obtention de la courbe de lissage où : $i_{sq} = f(i_{sd})$

Sa représentation a une forme circulaire. En conséquence de quoi, toute déformation, changement de l'épaisseur de cette courbe donne une information sur le défaut. L'approche du vecteur de Park étendu, qui est basée sur l'analyse spectrale du module du vecteur de Park, a été proposée dans [CRUZ, 1999].

## II.2.1.3 Diagnostic des défauts par estimation paramétrique

La détection et la localisation des défaillances par estimation paramétrique, consiste à déterminer les valeurs numériques des paramètres structuraux d'un modèle de connaissance qui gouverne le comportement dynamique du système. La première étape est donc, l'élaboration d'un modèle mathématique de complexité raisonnable pour caractériser la machine en fonctionnement sain et dégradé. Le type de défaut que l'on pourra détecter dépend du choix du modèle.

## II.2.1.4 Diagnostic des défauts par reconnaissance de formes

Utilisé très peu à ce jour, un vecteur de paramètres, appelé vecteur de forme, est extrait à partir de plusieurs mesures. Les règles de décision adoptées permettent de classer les observations, décrites par le vecteur de forme, par rapport aux différents modes de fonctionnement connus avec et sans défaut. Pour classer ces observations, il faut obligatoirement être en mesure de fournir les données de chaque mode de fonctionnement. Pour cela, il faut disposer d'une base de données, ce qui permettra ensuite de construire la classe correspondante au défaut créé. Une autre voie consisterait à calculer les paramètres du vecteur de forme en effectuant des simulations numériques de la machine étudiée.

## II.2.2. Analyse vibratoire

L'étude et l'analyse des vibrations (ou signaux) ont pris, au cours des dernières années, un essor considérable en raison du développement de techniques de plus en plus sophistiquées et de besoins les plus variés dans différents domaines : mécanique (transports, machines...), acoustique, optique, transmissions, etc.

La comparaison des mesures vibratoires effectuées à intervalles de temps déterminés dans des conditions si possible identiques permet de suivre l'évolution d'un défaut en exploitant le signal vibratoire **[AUGEIX, 2001]**. A partir de ces mesures, il est possible d'obtenir un historique de l'évolution du défaut par rapport à un niveau de référence caractérisé par la signature vibratoire de la machine en bon état. La norme ISO 10816 **[ISO 10816, 1995]** fixe des critères d'évaluation des niveaux vibratoires permettant d'estimer la sévérité des défauts et donc de l'état de fonctionnement de la machine. La sévérité vibratoire représente la valeur efficace de la vitesse de vibration mesurée dans la bande fréquentielle 10-1000 Hz sachant que les critères d'évaluation dépendent de la classe dans laquelle la machine se situe. Mais ces méthodes dites «mesures des niveaux globaux» restent imprécises et ne permettent pas la détermination de la cause de l'augmentation du niveau vibratoire.

Pour établir un diagnostic vibratoire, il est souvent nécessaire de faire appel à des outils mathématiques relativement élaborés. Ces outils doivent assister l'opérateur et lui permettre de remonter aux origines du ou des défauts. Mais dans l'absolu, les signaux vibratoires sont insuffisants pour établir un diagnostic. C'est pourquoi il est indispensable de connaître non seulement la cinématique de la machine, mais également les caractéristiques de ses composants ainsi que leurs différents modes de dégradation. La connaissance de ces modes de défaillance et de leurs influences sur le niveau de vibration est à la base d'un diagnostic et d'une surveillance fiable.

## II.3. Les indicateurs

Un indicateur est un quantificateur plus ou moins élaboré issu d'une grandeur dont l'acquisition est le plus souvent possible en fonctionnement, il doit par définition, caractériser un ou plusieurs aspects de l'état ou de la performance de l'équipement surveillé, son évolution ou sa transformation dans le temps doit être significative de l'apparition ou de l'aggravation d'une dégradation ou du dysfonctionnement. La température d'un palier, le taux de concentration de particules métalliques dans le lubrifiant et le spectre dimensionnel de ces dernières, le rendement mécanique ou thermodynamique d'une machine, le bruit et les vibrations générés par son fonctionnement, l'énergie absorbée ou fournie ou son taux de modulation, l'amplitude de variation de vitesse de rotation instantanée, le taux de rebuts de fabrication.... sont autant d'indicateurs susceptibles de représenter l'état ou les performances d'un équipement et d'en suivre l'évolution dans le temps [BOULENGER, 2007].

## II.3.1. Seuil d'un indicateur

Une mesure de vibrations doit être considérée comme relative. En effet, elle n'a aucune signification lorsqu'elle est isolée.

Le concept de seuil associé à un indicateur est un des points clés de la surveillance. La mesure des vibrations, n'a aucune signification, si elle n'est pas considérée comme relative. Donc, tant que la valeur d'un indicateur n'excède pas une valeur prédéfinie ou seuil, l'installation est considérée en bon état :

− une valeur trop basse entraîne des alarmes non justifiées ;

− une valeur trop élevée rend la détection précoce d'un défaut impossible et une panne peut même se produire sans la moindre alarme préalable.

Dans ces deux situations, la surveillance se trouve discréditée, ce qui rend le choix de la valeur du seuil un acte fondamental.

Le seuil, associé à chaque indicateur, sera déterminé par l'expérience, par référence à une norme ou à la spécification d'un constructeur ou bien, plus généralement, par comparaison avec le niveau qu'avait l'indicateur lorsque la machine était jugée en bon état de fonctionnement. Il faut donc définir des méthodes qui permettront de déterminer des seuils "d'avertissement" et "d'arrêt", avec une bonne probabilité de réussite. Les systèmes de surveillance définissent au moins deux seuils hiérarchisés :

- Le premier seuil dit seuil d'avertissement est également appelé niveau d'alarme. Le dépassement du seuil d'alarme doit systématiquement déclencher une procédure de diagnostic afin de localiser, l'origine exacte de l'anomalie qui a déclenché cette alarme.

- Le second seuil dit seuil de danger. Son dépassement nécessite de procéder à un diagnostic immédiat de l'état de l'installation pour statuer sur l'urgence d'un arrêt et d'une action corrective.

## II.3.2. Les différents types d'indicateurs

La grande diversité de leur mode d'élaboration offerte par les techniques numériques de traitement du signal, des grandeurs physiques et des phénomènes qu'ils peuvent représenter et de leur niveau de pertinence nécessite une classification afin de clarifier leur champ d'application et leur degré de performance ou de fiabilité, selon leur nature et leur degré d'élaboration, on peut définir quatre types d'indicateurs :

- **Les indicateurs scalaires :** un indicateur scalaire associe à un signal brut ou ayant fait l'objet d'un traitement préalable (filtrage, démodulation, intégration...), une grandeur caractéristique de son amplitude (valeur efficace, amplitude crête, taux de modulation...), de sa distribution d'amplitude (facteur de crête, kurtosis) ou de sa composition spectrale (amplitude d'une composante spectrale, valeur efficace d'une famille de composantes, taux d'harmoniques...), l'utilisation très répandue de ce type d'indicateurs s'explique aisément par la facilite de mise en œuvre : ils se réduisent à un nombre se prêtant facilement à l'automatisation de sa gestion (archivage, courbes d'évolution, comparaison à des seuils).

• **Les indicateurs spectraux :** un indicateur spectral associe à un signal une représentation spectrale de ce dernier (spectre, zoom, cepstre, spectre de fonction de modulation, fonction de transfert…).

• **Les indicateurs vectoriels :** un indicateur vectoriel associe à des signaux issus de plusieurs capteurs de vibration une représentation dans l'espace du mouvement vibratoire d'une ligne d'arbres ou d'un ensemble de paliers à une fréquence donnée ou de la déformée en fonctionnement de la machine et de sa structure d'accueil.

• **Les indicateurs temporels :** un indicateur temporel associe une forme particulière du signal temporel obtenue après filtrage, démodulation, moyennage synchrone… Il offre l'avantage d'être directement accessible à l'interprétation humaine.

Ces indicateurs peuvent être regroupés en deux grandes familles selon la réalité physique qu'ils représentent :

• Les indicateurs énergétiques représentent l'énergie du signal de la grandeur physique considérée, mesurée dans une bande fréquentielle plus ou moins étendue sans relation identifiée avec les forces ou couples dynamiques dont la machine est le siège, selon l'étendue de la bande fréquentielle considérée on parle alors d'indicateurs scalaires «large band» ou de «niveaux globaux» ou d'indicateurs scalaires «bande étroite» voire «bande fine».

• Les indicateurs typologiques sont des indicateurs qui sont en relation directe avec les forces dynamiques et de ce fait avec les défauts qui les induisent ou les modifient, cette famille d'indicateurs regroupe tous les types d'indicateurs autres que les indicateurs scalaires «large bande», elle présente donc une bien meilleure adéquation avec les défauts susceptibles d'affecter une machine et permet, de ce fait, de définir des indicateurs extrêmement fiables, précoces et sensibles.

## II.3.3. Indicateurs temporels et fréquentiels

| Paramètre | Formulation |
|---|---|
| Valeur moyenne | $P1 = \dfrac{1}{N} \sum\limits_{i=1}^{N} Xi$ |
| Valeur maximale | $P2 = \max. (Xi)$ |
| Valeur efficace ou valeur RMS | $P3 = \sqrt{\dfrac{1}{N} \sum\limits_{i=1}^{N} x_i^2}$ |
| Déviation standard | $P4 = \sqrt{\dfrac{1}{N} \sum\limits_{i=1}^{N} (Xi - P1)^2}$ |
| Variance | $P5 = \dfrac{1}{N} \sum\limits_{i=1}^{N} (Xi - P1)^2$ |
| Facteur de crête | $P6 = \dfrac{P2}{P3}$ |
| Facteur de forme | $P7 = \dfrac{P1}{P3}$ |
| Coefficient de dispersion | $P8 = \dfrac{P4}{P3}$ |
| Coefficient de dissymétrie | $P9 = \dfrac{m3}{(m2)^{\frac{2}{3}}}$ |
| Coefficient de kurtosis | $P10 = \dfrac{m4}{(m2)^2}$ |

**Tableau II.1 :** Principaux paramètres indicateurs temporels et fréquentiels

Pour quantifier un signal temporel ou fréquentiel il existe un certain nombre de paramètres énergétiques permettant leur hiérarchisation. Les principaux paramètres, les plus couramment utilisés en analyse statistique du signal, sont présentés dans le tableau II.1.

Ces paramètres statistiques font appel aux moments statistiques notés $M_k$, ils sont de la forme :

$$M_2 = \frac{1}{N} \sum_{i=1}^{N}(X_i - \bar{X})^2 \tag{II.7}$$

$$M_1 = \frac{1}{N} \sum_{i=1}^{N} X_i \tag{II.8}$$

Avec :

$X_i$ : Signal temporel mesuré ;

$\bar{X}$ : Moyenne des points enregistrés ;

N : Nombre d'échantillons prélevés dans le signal.

Le moment statistique d'ordre 1 est équivalent à la valeur moyenne, la variance étant le moment statistique d'ordre 2.

**a. Facteur de crête**

Un signal de type sinusoïdal aura un facteur de crête proche de la valeur $\sqrt{2}$, alors qu'un signal de type impulsionnel aura un facteur de crête beaucoup plus important (Tableau II.2) .

| Type de signal | Facteur de crête |
|---|---|
| Périodique de type sinusoïdal ou complexe Bruit de fond | 1.5 à 2.5 |
| Aléatoire de type impulsionnel | 3 à 4 |
| Périodique de type impulsionnel | >4 |

**Tableau II.2 :** Facteur de crête

**b. Coefficient de KURTOSIS**

L'analyse statistique du signal est un autre indicateur intéressant, les signaux de type sinusoïdal ou de type aléatoire génèrent des allures de courbes de densité différentes. Pour quantifier cette différence on utilise un indicateur appelé KURTOSIS. Concrètement il qualifie l'aplatissement de la courbe de densité de probabilité du signal. Un aperçu des valeurs que peut avoir le coefficient de kurtosis est présenté dans le tableau II.3.

| Type de signal | Coefficient de KURTOSIS |
|---|---|
| Sinusoïdal | 1.5 |
| Impulsionnel aléatoire | 3 |
| Impulsionnel périodique | >4 très élevé |

**Tableau II.3** : Coefficient de KURTOSIS

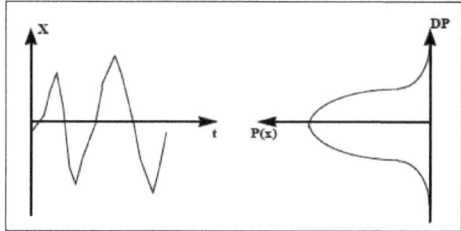

**Figure II.1** : Densite de probabilite

## II.4. Différents modes de surveillance

On peut définir globalement trois modes de surveillance de fiabilités croissantes et de finalités différentes **[AUGEIX, 2001]**:
– Surveillance par indicateur scalaire énergétique «globaux» ou «large bande» ;
– Surveillance par indicateurs spectraux ;
– Surveillance par indicateurs typologiques ou comportementaux.

## II.4.1. Surveillance par indicateur scalaire énergétique

Comparaison à un seuil d'une valeur caractéristique de l'amplitude et/ou de l'énergie du signal (valeur efficace, facteur de crête, KURTOSIS) préalablement définie, calculée dans le domaine temporel dans une bande fréquentielle plus ou moins étendue. Les facilités de mise en œuvre, le faible niveau de connaissance requis, le poids des habitudes et ce, en dépit de son faible degré de fiabilité dès que la cinématique de l'installation devient quelque peu complexe font que ce mode de surveillance est à ce jour le plus utilisé **[BOULENGER, 2007]**.

## II.4.2. Surveillance par indicateurs spectraux

C'est la comparaison d'une image spectrale du signal à un gabarit défini à partir de la même image spectrale élaborée généralement lors de la recette de comportement vibratoire à la mise en service de l'équipement ou après remise en état. on entend par «image spectrale» une représentation spectrale du signal «brut» ou ayant fait l'objet d'un traitement préalable dans le domaine temporel (filtrage passe-bande) et démodulation ou fréquentiel (cepstre). En dépit de sa facilité de mise en œuvre avec la plupart des outils de surveillance actuels et de son niveau de fiabilité sans commune mesure avec celui de la surveillance par indicateur énergétique «large bande», ce mode de surveillance reste à ce jour encore peu utilisé par les non spécialistes **[BOULENGER, 2007]**.

## II.4.3. Surveillance par indicateurs typologiques ou comportementaux

Contrairement aux deux modes de surveillance précédents qui s'intéressent essentiellement au suivi de l'évolution de l'énergie et de la forme du signal vibratoire, et indépendamment de la nature des phénomènes induisant ces évolutions, ce mode de surveillance s'attache principalement à la détection des défauts particuliers (balourd, lignage, jeux de palier, engrènement, roulements, forces électromagnétiques, accouplement, pompage…) à partir de leurs manifestations vibratoires spécifiques ou de leurs interactions avec d'autres grandeurs dynamiques issues de l'environnement actif et passif de la machine, cette forme élaborée de surveillance permet la détection de défaut à un stade très précoces et son identification immédiate.

En dépit de son haut niveau de fiabilité, les connaissances et les expériences nécessaires à sa mise en œuvre, l'inadaptation à ce mode de surveillance des logiciels d'exploitation des outils actuels qui offrent pour certains toutes les technique de traitement du signal nécessaires à l'élaboration de ces indicateurs (FFT, filtrage temporel, démodulation, cepstre, kurtosis, fonction de transfert...) font que, à ce jour, cette approche n'est mise en œuvre que par quelques experts **[BOULENGER, 2007]**.

## II.4.4. Principales méthodes de surveillance vibratoire

Les principales méthodes de surveillance vibratoire :

### a. Analyse temporelle

Elle est adaptée aux faibles vitesses de rotation et permet d'analyser des phénomènes non périodiques (chocs aléatoires, chocs répétitifs à vitesse ou charge variable). Cependant le diagnostic est souvent difficile.

### b. Analyse fréquentielle

Cette méthode permet de localiser les défauts et de réaliser un diagnostic fiable sans nécessité de mesures supplémentaires. Ses limitations se résument dans la difficulté (parfois) de l'interprétation des spectres, la détection tardive et la non opérationnalité à vitesse ou charge variable.

### c. Détection d'enveloppe

La détection d'enveloppe diagnostique les défauts à un stade précoce et permet de déterminer les fréquences de répétition des chocs de manière fiable et rapide. Néanmoins : l'interprétation des spectres est parfois difficile, il y a nécessité de connaître le domaine fréquentiel d'intérêt, n'est pas opérante si la vitesse ou la charge est variable et est généralement associée à d'autres méthodes (KURTOSIS par exemple).

### d. Analyse cepstrale

L'analyse cepstrale met en évidence les composantes périodiques d'un spectre, permet de localiser et déterminer l'origine des défauts induisant des chocs périodiques et assure l'interprétation des spectres complexes. Toutefois, son utilisation vient en complément d'autres techniques.

## II.5. L'environnement de la machine

Le comportement vibratoire d'une machine dépend fortement de son environnement, qui est caractérisé par le procédé de production dans lequel elle s'intègre et les structures auxquelles elle est physiquement reliée, ces facteurs d'influence se classent en deux catégories selon le mode d'action :

**a. Environnement actif**

L'alimentation en énergie, le procédé, les sources extérieures, les machines voisines, les équipements statistiques tels que four, chaudière, réacteur chimique susceptibles d'induire des excitations vibratoires spécifiques dues notamment à des résonances acoustiques... influent sur les forces internes de la machine, souvent en les modulant, ou génèrent des forces extérieures qui affectent son comportement.

**b. Environnement passif**

Il est composé des éléments et structures (support, liaison, structure d'accueil, fondation), éléments rapportés (tuyauterie, gaines, capacités...) dont les liaisons avec la machine affectent son transfert vibratoire, or ces facteurs d'influence sont spécifiques à chaque machine, à chaque structure d'accueil et à chaque procédé **[BOULENGER, 2007]**.

## II.6. Définition de l'intensité vibratoire

Selon la norme AFNOR E 90-300, l'intensité vibratoire est : « la plus grande des mesures en vitesse vibratoire efficace, dans la gamme de fréquence 10-1000 Hz, sur chaque palier, support et bride, dans trois direction perpendiculaires entre elles ». (En général horizontal, vertical et axial) **[ESTOCQ, 2004]**.

## II.7. Méthodes de mesure
## II.7.1 Capteur de vibration

Le rôle du capteur est de transformer l'énergie mécanique dispensée par la machine en un signal électrique proportionnel mesurable de manière reproductible. Il existe deux grandes familles de capteurs, les absolus (accéléromètre, vélocimétrie) et les relatifs (proximités) **[HENG, 2002]**.

## II.7.1.1. Accéléromètre

Il est constitué principalement des matériaux piézoélectriques (habituellement une céramique ferroélectrique artificiellement polarisé). Lorsque ce matériau subit une contrainte mécanique en extension, compression ou cisaillement, il engendre une charge électrique proportionnelle à la force appliquée. Le capteur piézo-électrique ou l'accéléromètre sont les plus utilisés en raison de leur large gamme de fréquences d'utilisation. Ils sont destinés :

– aux mesures axiales ;
– à la surveillance continue ;
– à l'utilisation à haute température ;
– à la mesure de chocs de fortes intensités…

## II.7.1.2. Vélocimètre

C'est un capteur électrodynamique, auto générateur d'une tension proportionnelle à la vitesse  de déplacement de la bobine. Le vélocimètre est un capteur actif qui n'est pas alimenté (pas d'alimentation extérieure). Le mouvement de la pièce métallique dans les spires provoque une variation  du flux. Donc une induction de courant dans la bobine.

### a. Avantages

– pas d'amplificateur à haute impédance, ni d'électronique  d'excitation ;
– signal de sortie de haut niveau et de faible impédance. Inconvénient ;
– sensibilité latérale ;
– faible bande passante (10 - 1000Hz).

### b. Inconvénient

– pièce  métallique en mouvement (usure).

## II.7.1.3. Capteur de déplacement

Le pont d'impédance est alimenté par un oscillateur de fréquence supérieure à 100kHz. La partie variable du pont est constituée par un self. Le pont est équilibré lorsque il n'a y pas de tension aux bornes du démodulateur. Dès qu'il y a modification de l'impédance de la bobine, il y a un déséquilibre du pont, donc une tension aux bornes du démodulateur à la fréquence de l'oscillateur. Cette tension est proportionnelle à la distance entre la cible et la bobine.

### a. Avantages

– mesure sans contact ;
– mesure en continu (il existe un signal pour une fréquence nulle) ;

– mesure réelle du déplacement de l'axe dans son logement.

**b. Inconvénients**
– sensible aux hautes fréquences ;
– qualité de mesure dépendant de la qualité de la surface ;
– phase relative des vibrations de l'arbre et du palier influençant la mesure;
– Implantation assez difficile.

## II.7.2. Point de mesure

L'implantation de l'accéléromètre sur les machines est, elle aussi, très importante. Chaque compagne de mesure doit être effectuée en des point précis et toujours les mêmes. En effet, un phénomène mécanique peut donner des images vibratoires sensiblement différentes en fonction des points de mesure **[AUGEIX, 2001]**.

On essaiera toujours de rapprocher les points, le plus possible des paliers. Cela permet d'obtenir les images les plus fidèles des défauts mécaniques (bande passante de la chaîne d'acquisition maximale, amortissement minimisé).

Pour avoir une image complète des vibrations (en trois dimensions), il faut prendre les mesures selon trois directions perpendiculaires sur chaque palier de la machine surveillée : deux directions radiales (horizontale et verticale) et une direction axiale.

## II.8. Conclusion

La détection des défauts passe d'abord par une bonne connaissance de la nature de la défaillance et surtout de l'impact qu'elle pourrait avoir sur les grandeurs physiques des machines.

Par soucis de sécurité, de productivité et de qualité de service, le diagnostic des défauts a pris un intérêt de plus en plus important dans les milieux industriels.

Cet essor a fait naître des techniques de diagnostic dans le but est de se prémunir de ce dysfonctionnement. Ainsi, la détection d'un défaut, s'effectue majoritairement par la surveillance de l'amplitude des composantes spécifiques et aussi des fréquences additionnelles apparaissant dans le spectre fréquentiel d'une grandeur mesurable.

# CHAPITRE III : Approche expérimentale et méthodes de modélisation

## III.1. Introduction

La recherche d'une productivité, toujours meilleure, de la coupe des métaux est donc une préoccupation majeure. Cette amélioration permanente repose plus ou moins directement sur l'étude approfondie des mécanismes physiques et des lois régissant ce procédé. Celle-ci reste donc un objectif essentiel. Son intérêt ne peut être éclipsé par le développement de nouveaux moyens d'usinage ou de nouvelles techniques de commande et de programmation, même si ces derniers points participent aussi au développement de la fabrication à grande vitesse. La mise en œuvre rationnelle de ces techniques passe en effet par une connaissance approfondie du processus de coupe et une maîtrise des paramètres qui le contrôlent.

Le choix rationnel des matériaux de coupe ne peut se faire qu'avec des expérimentations spécifiques à chaque nuance et leur mise en œuvre nécessite une maîtrise suffisante du déroulement du processus de coupe, en particulier l'évolution de l'usure des outils. Durant le processus de coupe des matériaux, il se crée des actions intensives et mutuelles entre les surfaces de contact de l'outil et la pièce à usiner. En conséquence, d'importants efforts de coupe se développent et des températures élevées sont enregistrées ce qui provoque l'apparition de l'usure sur les facettes de la partie active de l'outil. Cet état conduit à l'endommagement des surfaces, réduit la précision sur les formes géométriques et modifie certaines caractéristiques mécaniques. Il est admis que l'usure des outils de coupe est un processus très complexe durant lequel les surfaces de contact du système (outil/pièce) sont soumises à des phénomènes physico-chimiques qui contribuent à la destruction des couches superficielles de la partie active de l'outil. Le phénomène d'usure affecte également les paramètres géométriques de l'outil, la quantité de chaleur générée, les efforts de coupe, la durée de vie, la précision macro et micro géométrique de la surface usinée. Il est à noter que l'usure des outils de coupe se manifeste dans des conditions de travail beaucoup plus difficiles que celles des pièces de machines. En effet la pression spécifique dans les surfaces de contact des pièces de machines ne dépasse pas quelques MPa et la température d'échauffement est inférieure à 100°C alors que la pression spécifique dans les surfaces de contact de la partie active d'un outil de coupe est de l'ordre de 1000 à 2000 MPa et la température d'échauffement est de 100-1000°C et plus.

L'objet de ce troisième chapitre est d'exposer la démarche expérimentale utilisée afin d'appréhender le comportement du couple outil-matière lors du tournage dur de l'acier à roulement AISI 52100 (100Cr6) avec des outils en CBN. Seront présentés : l'ensemble des outils, les équipements utilisés ainsi que l'approche utilisée pour la planification des essais.

Les expériences ont été effectuées au Laboratoire de Mécanique et Structure (LMS), département de Mécanique (Université 8 mai 1945 Guelma).

## III.2. Equipements utilisés
### III.2.1. Machine outil

Les essais sont effectués sur un tour à charioter et à fileter modèle SN 40 C de la société Tchèque TOS TRENCIN, développant une puissance maximale de 6.6 KW et pouvant atteindre une vitesse de rotation de 2000 tr/min et une avance de 6.4 mm/tr (Figure III.1).

Figure III.1 : Tour à charioter et à fileter modèle SN40.

Pour être compétitif en tournage dur, la machine d'usinage doit présenter une grande rigidité, tant statique que dynamique. Il est indispensable que l'ensemble du système d'usinage soit stable. Il en est ainsi pour le serrage de la pièce et du porte-outil. Toute faiblesse dans le système machine-outil entraîne forcément une dégradation rapide de l'outil et de l'état de surface. Le tour qu'on a utilisé s'est avéré suffisamment rigide pour identifier d'une façon crédible le comportement du couple outil-matière. Lors des essais, nous n'avons pas observé de phénomène de broutement, seulement quelques vibrations ont été notées pour les sections de copeau les plus élevées.

## III.2.2. Matière à usiner

Les essais ont été effectués sur des éprouvettes en acier au chrome à haute teneur en carbone traité de nuance AISI 52100 (100Cr6). Cet acier très couramment utilisé présente de nombreux avantages : propreté, aptitude à la trempe sans carburation, flexibilité du traitement thermique. Cette nuance est destinée généralement aux applications qui exigent une haute résistance aux déformations et à l'usure sous charges alternées élevées. A cette effet, l'acier AISI 52100 est préconisé surtout pour la fabrication des roulements **[CHOU, 2002]**. Il est également employé dans la mise en forme à froid des matrices de formage, des cylindres de laminoirs et des revêtements d'usure **[POULACHON, 1999]**. Les propriétés physiques, chimiques et mécaniques sont données sur le tableau ci-dessous :

| Composition chimique | C (%) | Cr (%) | Mn (%) | Si (%) | Mo (%) | Al (%) | Cu (%) | P (%) | Sn (%) | Ni (%) | V (%) |
|---|---|---|---|---|---|---|---|---|---|---|---|
| | 1.05 | 1.41 | 0.38 | 0.21 | 0.02 | 0.03 | 0.28 | 0.02 | 0.02 | 0.21 | 0.01 |

| Dureté | A l'état trempé | 60 ÷ 66 HRC (762 ÷ 865 HV) |
|---|---|---|
| | A l'état recuit | 18HRC (217HV max) |
| Densité | | 7.83 |
| Masse volumique en Kg/dm$^3$ | | 7.85 |
| Résistance à la compression MPa | | 2240 |
| Module d'élasticité en GPa | | 205 |
| Température max d'utilisation en °C | | 450 |
| Résistance aux acides_ bases | | Non résistant |

**Tableau III.1 :** Propriétés physiques, chimiques et mécaniques de l'acier AISI 52100.

### III.2.3. Outil de coupe

Pour la réalisation des essais, ont été utilisées des plaquettes carrées amovibles, à fixation par trou central en CBN 7020 (Figure III.2).

Le CBN 7020 est une nuance de Nitrure de bore cubique additionnée de carbonitrure de titane de Sandvik Company **[SANDVIK, 2006]**. La désignation ISO du CBN 7020 est SNGA12 04 08 T 01020. Pour une plus haute sécurité, le CBN est fritté (non brasé) (insert CBN en coin) sur chaque pointe du support en carbure, d'où le nom de plaquettes multi-pointes. Cette technique réduit le risque de débrasage de l'insert causé par l'affaiblissement de cette liaison à hautes températures. Dans le cas des inserts brasés, lorsque la température de la plaquette atteint 640°C, la brasure fond et l'insert se déchausse du substrat WC. La plaquette a également un revêtement PVD TiN de 2 µm d'épaisseur pour faciliter la détection de l'usure. La stabilité chimique et la résistance à l'usure sont considérables pour l'usinage de finition des aciers et les fontes trempées. Les plaquettes CBN sont fabriquées avec chanfrein de protection de 20° sur une largeur de 0.1mm ainsi qu'un rayon de raccordement $r_\beta$ d'environ 0.03mm.

**Figure III.2 :** Plaquette CBN 7020 revêtue
(SNGA12 04 08 T 01020).

Ces plaquettes sont montées et fixées mécaniquement par trou central sur un porte-outil rigide. La désignation du porte-outil selon la norme ISO est PSBNR2525K12 avec une géométrie de la partie active de l'outil matérialisée par les angles suivants : $\chi_r = +75°$, $\alpha = +6°$, $\gamma = -6°$ et $\lambda = -6°$. Une cale-support rectifiée en carbure métallique vissée, protège le porte-outil et garantit un contact parfait de la plaquette (Figure III.3).

**Figure III.3 :** Porte-outil (PSBNR2525K12).

## III.2.4. Appareillage utilisé pour la mesure de l'usure

La mesure de l'usure a été faite par un microscope optique HUND type W-AD (Figure III.4). Ce dernier sert à mesurer les grandeurs de l'usure sur la surface en dépouille principale et auxiliaire suivant la norme NF E 66-505. La plaquette de coupe est placée sous l'objectif du microscope sur une table micrométrique à mouvements croisés et à affichage digital, ayant une précision de 0,001 mm. La ligne de référence de mesure est l'arête tranchante principale de la plaquette que l'on coïncide avec une référence située sur l'oculaire du microscope.

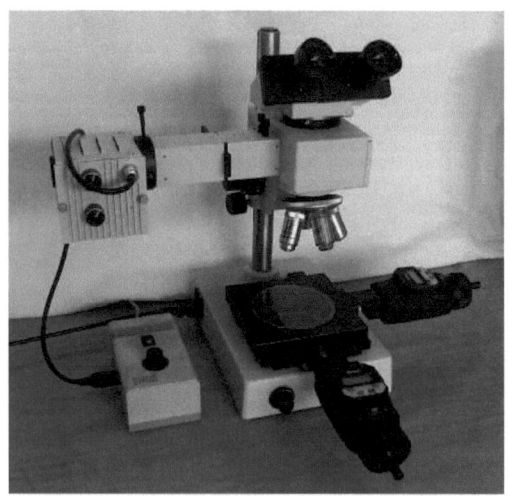

**Figure III.4 :** Microscope optique pour la mesure de l'usure.

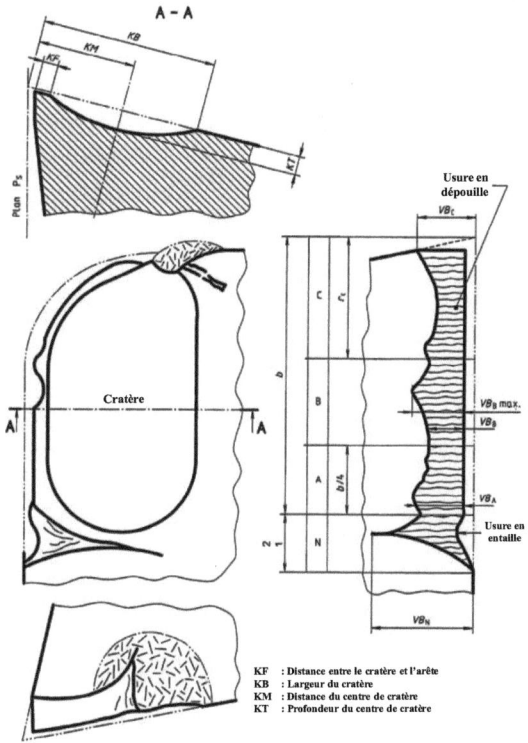

Figure III.5 : Types d'usure d'un outil de tournage [ISO 3685, 1993]

## III.2.5. Rugosimètre pour la mesure de la rugosité

Les instruments de mesure normalisés sont des systèmes à contact constitués d'une unité d'avance et d'un palpeur qui balaye la pièce suivant une direction donnée, et sur une certaine longueur. Suivant le profil que l'on choisit, le ou les filtres que l'on applique et les aspérités auxquelles on s'intéresse, il est ainsi possible d'obtenir toutes sortes de critères. Mais aucun critère n'est plus pertinent qu'un autre.

En ce qui concerne la présente étude le critère choisi est : Ra Pour la mesure de ce critère de rugosité on a utilisé un rugosimètre (2D) Surftest 301 (Mitutoyo), équipé d'une imprimante de profil de rugosité (Figure III.6). Ce dernier est constitué d'une pointe de diamant (palpeur), avec un rayon de pointe de 5µm se déplaçant linéairement sur la surface mesurée.

Ceci consiste à effectuer un véritable palpage mécanique de la surface le long d'un profil choisi. La longueur de palpage est de 4mm avec une longueur de base de 0,8mm (0,8x5). La plage de mesure des critères de rugosité est de (0,05 à 40µm) pour Ra. Afin d'éviter les erreurs de reprise et pour plus de précision, la mesure de la rugosité a été réalisée directement sur la même machine et sans démontage de la pièce.

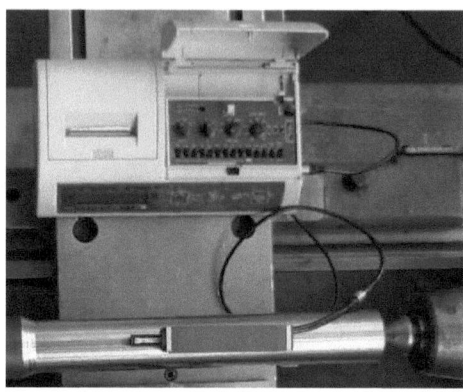

**Figure III.6 :** Rugosimètre type Surftest 301 MITUTOYO

Les mesures ont été répétées sur trois génératrices également placées à 120°. Le résultat considéré est la moyenne de ces valeurs pour une passe d'usinage donnée. Le rugosimètre a été étalonné à l'aide d'un étalon de rugosité de Ra = 3.05µm et Rmax (Ry) = 9.9µm.

## III.2.6. Mesure des efforts de coupe

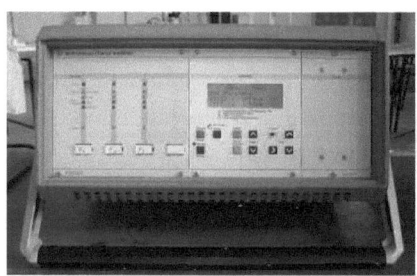

**Figure III.7 :** Amplificateur de charge Kistler 5019B à trois canaux.

La mesure des efforts de coupe en cours d'usinage consiste en une chaîne d'acquisition composée d'un dynamomètre Kistler 9257B (Dynamomètre à trois composantes Fx, Fy, Fz ±5 KN) et d'un amplificateur de charge Kistler 5019B à trois canaux (trois amplificateurs type 5011B) (Figure III.7).

Le porte-outil type 9403 est employé pour des outils de tournage avec une section maximum de 26×26 (Figure III.8). Le dynamomètre à quartz peut ainsi mesurer les composantes Fx, Fy et Fz de la résultante des efforts de coupe exercés sur la pièce usinée et ce dans le repère fixe du capteur :

– Force axiale : Fx (effort d'avance Fa) ;
– Force radiale : Fy (effort de pénétration ou bien passive Fp) ;
– Force tangentielle : Fz (effort de coupe tangentiel Fc).

Les principales caractéristiques du dynamomètre Kistler 9257B sont indiquées dans le tableau III.2.

| Type | Gamme de mesure | Sensibilité | Fréquence propre | Température d'utilisation |
|------|------------------|-------------|------------------|--------------------------|
| Etalonné | KN | pC/N | KHz | °C |
| 9257B | Fx, Fy, Fz ±5 | Fx, Fy ≈ - 7,5<br>Fz ≈ -3,7 | $f_n$ (x,y) ≈ 2,3<br>$f_n$(z) ≈ 3,5 | 0…70 |

**Tableau III.2** : Caractéristiques du dynamomètre Kistler 9257B **[KISTLER, 2005]**.

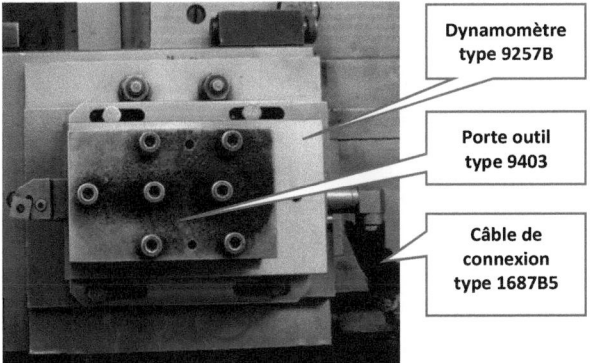

**Figure III.8 :** Dynamomètre à trois composantes type 9257B **[KISTLER, 2005]**.

L'acquisition et le traitement des signaux correspondant à chaque composante Fx, Fy et Fz de la résultante de l'effort de coupe sont effectués sous **DynoWare**.

Le traitement du signal est particulièrement important lorsque l'on mesure les forces. Les capteurs piézoélectriques produisent une charge électrique qui varie proportionnellement à la charge appliquée sur le capteur. L'amplificateur de charge convertit cette charge en signal de tension ou de courant proportionnel.

DynoWare (Type 2825D 1-2, version 2.31, build number 4419 (2002)) de Kistler est un logiciel facile à utiliser qui est particulièrement recommandé pour les mesures de force avec des dynamomètres ou des capteurs de force mono ou multi composantes. Pour l'analyse des signaux, DynoWare fournit une visualisation en temps réel des courbes de mesure, ainsi que des fonctions mathématiques et graphiques très utiles. Il permet également de configurer les principaux instruments de mesure, de fournir une documentation détaillée des mesures et de stocker les configurations et les données de mesure.

### III.2.7. Appareil de mesure de la dureté (duromètre)

Les diverses mesures de dureté ont été prises sur l'appareil de contrôle de dureté de 206RT, d'AFFRI Company (Figure III.9).

**Figure III.9 :** Duromètre type 206RT

Ayant une précision de 0,5 HR C (Normes de conformation d'exactitude EN-ISO 6506-2/6507-2/6508-2/ASTM-E18) le duromètre 206RT a une charge initiale de 98.07 N et des charges d'essai pour :

Rockwell 588-980-1471 N, Vickers 98.07-588-980 N et Brinell 612-1225-1839 N.

## III.2.8. Analyseur de vibration

C'est un analyseur des signaux du type Brüel & Kjær 2035 : une unité centrale équipée d'un écran 12", un lecteur de disquettes et un clavier (Figure III.10). Il contient les processeurs de traitement et d'affichage des signaux, les mémoires, et tout le matériel qui est nécessaire pour l'analyse et le contrôle du système. L'analyseur type BK 2035 est une plate-forme équipée d'un processeur de zoom et chargée d'un logiciel d'analyse bi-canal de type 7649. Pour les applications simples et double canal, l'analyseur est muni d'un processeur de zoom, deux modules d'entrée monocanal, et un module d'échantillonnage.

Le lecteur de disquette de ce type d'analyseur des signaux permet l'installation du logiciel d'analyse à partir d'une disquette. Il permet également aux mesures, réglages, fonctions définissables par l'utilisateur et auto séquences d'être stockés de façon permanente sur la disquette. Les disquettes sont compatibles avec PC/MS-DOS afin que les données puissent être facilement transférées vers un ordinateur externe ou une plate-forme compatible.

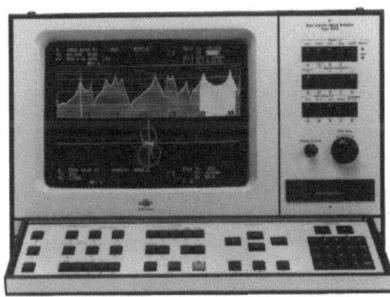

**Figure III.10 :** Analyseur de vibration de type **Brüel & Kjær** 2035

## III.3. Essais d'usinage

Les essais sont effectués en chariotage sur des barres rondes de 41 mm de diamètre et de 300 mm de longueur. Après une trempe à l'huile à 850°C pendant 25 min de maintien, suivi d'un revenu à 250°C, la dureté des pièces à usiner atteint une valeur moyenne de 60HRC.

### III.3.1. Efforts, rugosité et tenue du CBN fonction des éléments du régime de coupe

Le but de cette série d'expérience consiste d'une part, à établir et à quantifier les modes d'évolution des tenues des outils CBN face aux éléments du régime de coupe (vitesse de coupe Vc, avance f et profondeur de passe ap). D'autre part, d'investiguer l'impact de ces conditions de coupe sur le comportement des efforts de coupe et de la rugosité des surfaces usinées en fins des durées de vie des outils de coupe.

### III.3.2. Evolution de l'usure au cours du temps

Cette partie a pour objet, à la fois, l'étude des origines et les manifestations de l'usure d'outils en CBN. Il s'agit d'observer l'évolution et les diverses manifestations de l'usure en dépouille.

### III.3.3. Influence des éléments du régime de coupe sur l'usure des outils

Cette série d'essais est dédiée à l'étude de l'influence des éléments du régime de coupe (Vc, f et ap) sur l'usure des outils de coupe en CBN, les efforts de coupe (Fa, Fc et Fp) et la rugosité (Ra) des surfaces usinées et cela pour plusieurs niveaux de temps d'usinage (t).

### III.3.4. Evolution des vibrations en fonction de l'usure et des efforts de coupe

L'objectif primordial visé par ces essais est d'étudier la signature vibratoire de l'usure des outils de coupe à différents stades de son évolution. Les résultats des signaux vibratoires ont été traités et exploités pour la mise au point d'un système de surveillance off-line de l'usure des outils de coupe. En considérant l'ensemble des résultats à obtenir liées aux phénomènes régissant le processus de coupe on peut établir le bilan :

**a. Paramètres à tester**
– Vitesse de coupe (Vc) ;
– Avance (f) ;
– Profondeur de passe (ap) ;
– Temps d'usinage (t).

**b. Résultats à observer**
− Suivi de l'usure des plaquettes au cours du temps ;
− Observation des diverses manifestations de l'usure ;
− Etude de l'évolution des efforts de coupe et de la rugosité en fonction de l'usure (temps d'usinage) ;
− Effet de la variation des conditions de coupe sur la tenue des outils CBN, ainsi que leurs impacts sur le comportement des efforts de coupe et de la rugosité des surfaces usinées en fin de la durée de vie de l'outil ;
− La signature vibratoire de l'usure des outils de coupe à différents stades de son évolution.

En se référant à la norme ISO 3685-1977, on a pu retenir le critère de l'usure admissible suivant : [VB] = 0,3 mm (usure régulière). Il est à noter que les éprouvettes ont été usinées à une profondeur de quelques millimètres afin de parer à la diminution de la dureté et la vitesse de coupe (± 5%) en conséquence de la diminution du diamètre.

## III.4. Traitements thermiques de l'acier AISI 52100

Pour le traitement thermique des pièces utilisées lors de l'expérimentation, une trempe à l'huile leur a été appliquée avec un échauffement jusqu'à 850 °C et un maintien de 30 minutes, elle est suivie d'un revenu. La dureté a augmenté jusqu'à 60HRC. Le cycle du traitement est résumé dans le tableau III.3.

| Température d'austénitisation | Refroidissement (trempe) | Température du revenu | Dureté moyenne après traitement |
|---|---|---|---|
| 850 °C (avec 30 min de maintien) | Huile | 250 °C (avec 25 min de maintien) | 60HRC |

**Tableau III.3** : Cycle du traitement thermique effectué.

La courbe sur la figure III.11 illustre la trempe de l'acier AISI 52100 **[KLEIN, 2009]**, alors que celle de la figure III.12 concerne le revenu, elle est obtenue après essai sur plaquette d'épaisseur 1cm d'acier RAD 100Cr6, chauffé à 835°C, trempé à l'huile. Ces deux courbes ont permis de déterminer la section des éprouvettes de manière à garder une dureté constante.

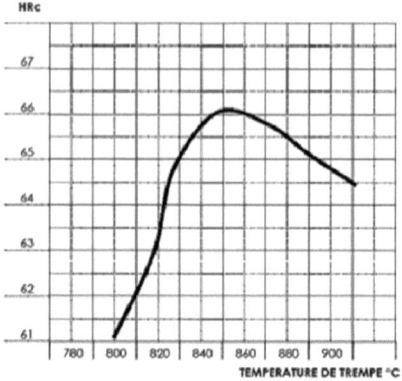

**Figure III.11 :** Courbe de trempe de l'acier AISI 52100.

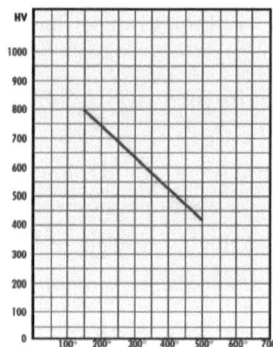

**Figure III.12 :** Courbe de revenu de l'acier AISI 52100.

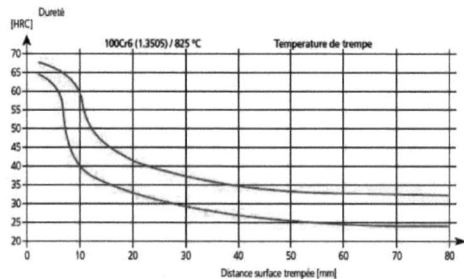

**Figure III.13 :** Courbe de trempabilité de l'acier AISI 52100.

La figure III.13 représente la courbe de trempabilité de l'acier AISI 52100. [Composition chimique et caractéristiques mécaniques 100Cr6 (1.3505) selon EN ISO 683-17. Site internet : www.brr.ch].

## III.5. Plans d'expériences

L'expérimentateur, quel que soit son domaine d'étude, est toujours confronté au problème difficile de l'organisation optimale de ses essais. Comment obtenir les bonnes informations dans les meilleurs délais et pour le moindre coût ?

L'utilisation des plans d'expériences, et en particulier les tables orthogonales de Taguchi, a permis la détermination de l'influence des effets simultanés et de l'interaction des paramètres opératoires sur les efforts de coupe, la rugosité et l'usure.

La technique des plans d'expériences va permettre de répondre à nos exigences. En effet, son principe consiste à faire varier simultanément les niveaux de un ou plusieurs facteurs (qui sont les variables, discrètes ou continues) à chaque essai. Ceci va permettre de diminuer fortement le nombre d'expériences à réaliser tout en augmentant le nombre de facteurs étudiés, en détectant les interactions entre les facteurs et les optimaux par rapport à une réponse, c'est-à-dire une grandeur utilisée comme critère et en permettant de modéliser facilement les résultats. Le point délicat dans l'utilisation des plans d'expériences sera donc de minimiser le plus possible le nombre d'expériences à mener sans sacrifier la précision sur les résultats.

Dans ce travail trois plans expérimentaux sont utilisés :

1. Le plan orthogonal standard L27 ($3^{13}$) de Taguchi est adopté pour observer l'évolution et les diverses manifestations de l'usure en dépouille, étudier l'évolution des tenues des outils CBN face aux conditions de coupe (Vc, f et ap) et l'impact de ces dernières sur les efforts de coupe et la rugosité des surfaces usinées en fins de vie des outils. Les niveaux des paramètres sont choisis comme recommandés par le fabricant (Sandvik Company) (Tableau III.4). Le plan orthogonale standard L27 ($3^{13}$) de Taguchi a 27 lignes correspondant au nombre d'essais et 13 colonnes à trois niveaux. Les facteurs et leurs interactions sont assignés aux colonnes. En effet, la première colonne du plan a été assignée à la vitesse de coupe (Vc), la seconde à l'avance (f) et la cinquième à la profondeur de passe (ap).

| Niveau | Vitesse de coupe Vc (m/min) | Avance f (mm/tr) | Profondeur de passe ap (mm) |
|--------|------|------|------|
| 1 | 100 | 0.08 | 0.2 |
| 2 | 140 | 0.12 | 0.4 |
| 3 | 200 | 0.16 | 0.6 |

**Tableau III.4** : Paramètres de coupe et leurs niveaux du plan orthogonal standard L27.

2. Le plan factoriel complet pour 4 facteurs à deux niveaux chacun (16 essais) avec 8 points centraux et une répétition par sommet (un plan total de 24 essais) (Tableau III.5), permet l'étude de l'influence des éléments du régime de coupe (Vc, f et ap) sur l'usure des outils CBN, les efforts de coupe (Fa, Fc et Fp) et la rugosité (Ra) des surfaces usinées et cela pour plusieurs niveaux de temps d'usinage (t).

| Niveau | Vitesse de coupe Vc (m/min) | Avance f (mm/tr) | Profondeur de passe ap (mm) | Temps d'usinage t (min) |
|--------|------|------|------|------|
| 1 | 100 | 0.08 | 0.2 | 2 |
| 2 | 140 | 0.12 | 0.4 | 6 |
| 3 | 200 | 0.16 | 0.6 | 10 |

**Tableau III.5** : Paramètres de coupe et leurs niveaux du plan factoriel complet.

3. Le plan orthogonal standard L9 de Taguchi (Tableau III.6) est adopté pour étudier la signature vibratoire de l'usure des outils de coupe à différents stades de son évolution et pour la mise au point d'un système de surveillance off-line de l'usure.

| Niveau | Vitesse de coupe Vc (m/min) | Avance f (mm/tr) | Profondeur de passe ap (mm) |
|--------|------|------|------|
| 1 | 100 | 0.08 | 0.2 |
| 2 | 140 | 0.12 | 0.4 |
| 3 | 200 | 0.16 | 0.6 |

**Tableau III.6** : Paramètres de coupe et leurs niveaux du plan orthogonal standard L9.

# III.6 Méthodes de modélisation de l'usure
## III.6.1 Méthode de surface de réponse

La méthodologie des surfaces de réponse (RSM) est une technique statistique empirique utilisée pour l'analyse de régression multiple des données quantitatives obtenues à partir des expériences statistiquement conçues en résolvant les équations multi variables simultanément. La représentation graphique de ces équations s'appelle surfaces de réponse, et permet de décrire l'effet individuel et cumulatif des variables d'essai sur la réponse et de déterminer l'interaction mutuelle entre les variables d'essai et leur effet sur la réponse. L'objectif principal de la RSM est de déterminer les conditions opérationnelles optimales pour un système donné qui satisfassent les conditions spécifiques opératoires. Le concept de surface de réponse modélise une variable dépendante Y, dite variable de réponse, en fonction d'un certain nombre de variables indépendantes (facteurs), $X_1$ , $X_2$ , …, $X_k$, permettant d'analyser l'influence et l'interaction de ces dernières sur la réponse. On peut ainsi écrire le modèle pour une réponse donnée (Y) sous la forme suivante :

$$Y = a_0 + \sum_{i=1}^{n} a_i X_i + \sum_{i=1}^{n} a_{ii} X_i^2 + \sum_{i<j}^{n} a_{ij} X_i X_j \qquad \text{(III. 1)}$$

Où Y est la réponse observée, $a_0$, $a_i$, $a_{ij}$, $a_{ii}$ représentent respectivement le terme constant, les coefficients des termes linéaires, des termes représentant les interactions entre variables et des termes quadratiques. Les $X_i$ représentent les variables indépendantes, ou bien paramètres de coupe étudiés et n représente leur nombre (dans notre cas les variables indépendantes sont cinq).

Afin de tester la validité du modèle, l'analyse des variances (ANOVA) est utilisée pour examiner la signification et l'adéquation du modèle. Ce dernier permet de tracer les surfaces de réponse, d'estimer l'influence et l'interaction simultanées des paramètres d'entrée sur l'usure. Comme les facteurs sont en général exprimés dans des unités différentes, leurs effets ne sont comparables que s'ils sont codés.

## III.6.2 Les réseaux de neurones artificiels (RNA)

Un réseau de neurones artificiels est un modèle de calcul dont la conception est très schématiquement inspiré du fonctionnement de vrais neurones (humains ou animal). Les réseaux de neurones sont généralement optimisés par des méthodes d'apprentissage de type statistique, si bien qu'ils sont placés d'une part dans la famille des applications statistiques, qu'ils enrichissent avec un ensemble de paradigmes permettant de générer de vastes espaces fonctionnels souples et partiellement structurés, et d'autre part dans la famille des méthodes de l'intelligence artificielle qu'ils enrichissent en permettant de prendre des décisions s'appuyant davantage sur la perception que sur le raisonnement logique formel.

## III.6.2.1. Historique

Le concept de réseaux de neurones artificiels est apparu en 1943 lorsque J. Mc Culloch et W. Pitts montrent que des réseaux de neurones formels simples peuvent réaliser des fonctions booléennes. En 1949, D. Hebb **[HEBB, 1949]**, présente une règle d'apprentissage qui inspire encore aujourd'hui beaucoup de modèles. En 1958, F. Rosenblatt développe le perceptron **[ROSENBLATT, 1958]**. Il s'agit d'un modèle à deux couches, une pour la perception et l'autre pour la prise de décision. Le perceptron constitue le premier système artificiel capable d'apprendre par expérience et il sera décrit un peu plus loin. C'est également à cette époque que B. Widrow et al. **[WIDROW, 1960]** proposent un autre modèle, le concept ADALINE (ADAptive LINear Element). Ce modèle est à la base de la retro-programmation très utilisée aujourd'hui dans les perceptrons multicouches.

Chose inhabituelle, tout ce travail est remis en question en 1969 par M. Minsky et S. Papert qui publient un ouvrage critique sur le perceptron. Ils exposent notamment les limites du modèle, concernant les problèmes non linéaires. Il est en effet impossible à cette époque de traiter des problèmes non linéaires avec un perceptron. Même si ces limitations étaient connues, l'impact est catastrophique, puisque tous les financements ou presque sont supprimés pour ces recherches. Seuls quelques irréductibles comme S. Grossberg **[GROSSBERG, 1973]** et T. Kohonen **[KOHONEN, 1984]** continuent leurs recherches sur le sujet.

En 1972, Kohonen expose ses travaux sur les mémoires associatives et propose des applications à la reconnaissance de formes. Mais c'est en 1982 que le renouveau arrive avec J.J. Hopfield **[HOPFIELD, 1982]**. Ce physicien de renom écrit un article sur un réseau de neurones complètement reboucle, dont il analyse la dynamique. Ce modèle est encore très utilisé aujourd'hui. Notons que pour autant, il ne lève pas les limitations du modèle du perceptron. En 1983, la machine de Boltzmann est le premier modèle connu apte à traiter de manière satisfaisante les limitations du perceptron. En 1985, c'est l'arrivée de la rétroprogrammation qui permet de décomposer un problème non linéaire en une suite d'étapes linéairement séparables.

### III.6.2.2. Définition et principe

Les réseaux de neurones sont composés de neurones fonctionnant en parallèle. Ces neurones sont inspirés du système nerveux biologique. Comme dans la nature, le fonctionnement du réseau est fortement influencé par la connexion des neurones entre eux. Il est possible d'entraîner un réseau de neurones pour une tache spécifique (reconnaissance des caractères par exemple) en ajustant les valeurs des connections (ou poids) entre les éléments (neurones). La figure III.14 représente un neurone simple avec le vecteur des entrées **p**, le vecteur des poids **W**, le biais associé au neurone $b$, la fonction de transfert $f$ et enfin la sortie $a$.

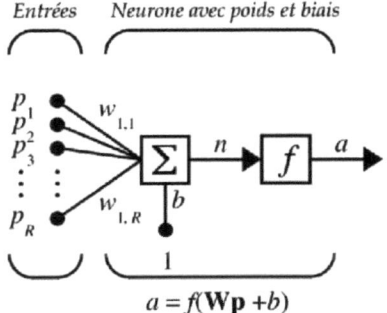

Figure III.14 : Schéma d'un neurone unique [MATH WORKS, 2007].

Pour le neurone de la Figure II.4, on a :

$$\mathbf{P} = [p_1, p_2, ..., p_r]^T \text{ et } \mathbf{w} = [w_{1,1}, w_{1,2}, ..., w_{1,R}]$$

$$n = w_{1,1} p_1 + w_{1,2} p_2 + ... + w_{1,R} p_R + b = \mathbf{Wp} + b \qquad (III.2)$$

La sortie $a$ est alors de la forme : $a = f(n)$

Une couche de neurones peut être représentée par le schéma de la figure III.15.

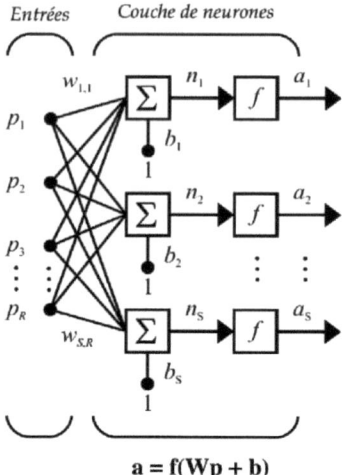

Figure III.15 : Schéma d'une couche de neurones [MATH WORKS, 2007].

Dans le cas d'un réseau complet avec de multiples couches, la généralisation du schéma précédent conduit à la représentation de la figure III.16 :

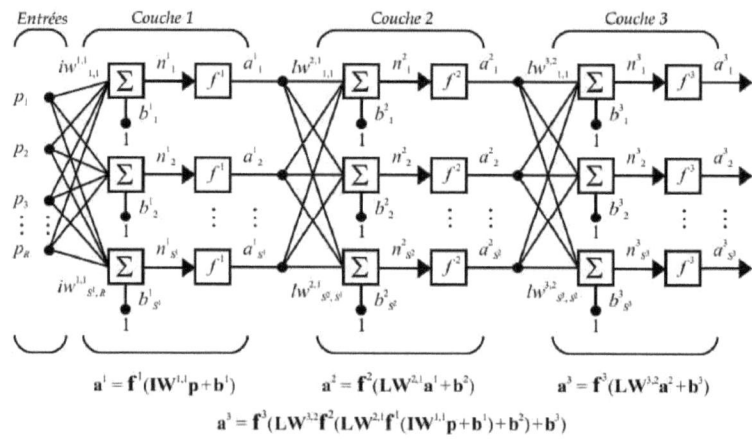

Figure III.16 : Schéma d'un réseau multicouche [MATH WORKS, 2007].

Les fonctions de transfert déterminent la valeur de l'état du neurone qui sera transmise aux neurones avals. Il existe de nombreuses fonctions de transfert possibles, les plus utilisées sont présentées sur la Figure III.17 Elles peuvent prendre une infinité de valeurs comprises dans l'intervalle [-1; +1].

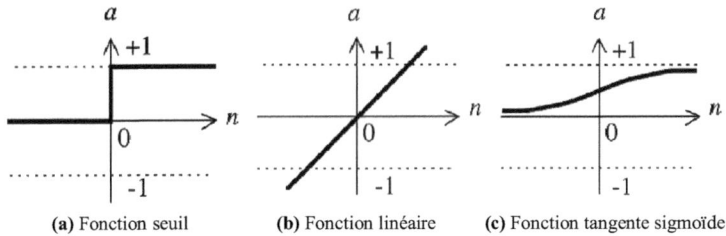

(a) Fonction seuil    (b) Fonction linéaire    (c) Fonction tangente sigmoïde

Figure III.17 : Fonctions de transfert usuelles pour un réseau de neurones [MATH WORKS, 2007].

### III.6.2.3. Etapes de conception d'un réseau

Le novice est souvent surpris d'apprendre que pour construire un réseau de neurones, la première chose à faire n'est pas de choisir le type de réseau mais de bien choisir ses échantillons de données d'apprentissage, de test et de validation. Ce n'est qu'ensuite que le choix du type de réseau interviendra. Afin de clarifier un peu les idées, voici chronologiquement les quatre grandes étapes qui doivent guider la création d'un réseau de neurones.

#### A. Choix et préparation des échantillons

Le processus d'élaboration d'un réseau de neurones commence toujours par le choix et la préparation des échantillons de données. Comme dans les cas d'analyse de données, cette étape est cruciale et va aider le concepteur à déterminer le type de réseau le plus approprié pour résoudre son problème. La façon dont se présente l'échantillon conditionne : le type de réseau, le nombre de cellules d'entrée, le nombre de cellules de sortie et la façon dont il faudra mener l'apprentissage, les tests et la validation.

#### B. Elaboration de la structure du réseau

La structure du réseau dépend étroitement du type des échantillons. Il faut d'abord choisir le type de réseau : un perceptron standard, un réseau de

Hopfield, un réseau à décalage temporel (TDNN), un réseau de Kohonen, un ARTMAP etc.... Dans le cas du perceptron par exemple, il faudra aussi choisir le nombre de neurones dans la couche cachée. Plusieurs méthodes existent et on peut par exemple prendre une moyenne du nombre de neurones d'entrée et de sortie, mais rien ne vaut de tester toutes les possibilités et de choisir celle qui offre les meilleurs résultats.

### C. Apprentissage

L'apprentissage consiste tout d'abord à calculer les pondérations optimales des différentes liaisons, en utilisant un échantillon. La méthode la plus utilisée est la *rétropropagation* : on entre des valeurs dans les cellules d'entrée et en fonction de l'erreur obtenue en sortie (le *delta*), on corrige les poids accordés aux pondérations. C'est un cycle qui est répété jusqu'à ce que la courbe d'erreurs du réseau ne soit pas décroissante c'est-a-dire converge vers une valeur d'erreur constante minimale (il faut bien prendre garde de ne pas surentraîner un réseau de neurones qui deviendra alors moins performant). Il existe d'autres méthodes d'apprentissage telles que le *quickprop* par exemple.

### D. Validation et tests

Alors que les tests concernent la vérification des performances d'un réseau de neurones hors échantillon et sa capacité de généralisation, la validation est parfois utilisée lors de l'apprentissage (ex : cas du early stopping). Une fois le réseau calculé, il faut toujours procéder à des tests afin de vérifier que le réseau réagit correctement. Il y a plusieurs méthodes pour effectuer une validation : la cross validation, le bootstrapping... mais pour les tests, dans le cas général, une partie de l'échantillon est simplement écarté de l'échantillon d'apprentissage et conservé pour les tests hors échantillon. On peut par exemple utiliser 60% de l'échantillon pour l'apprentissage, 20% pour les tests et 20% pour la validation. Dans les cas de petits échantillons, on ne peut pas toujours utiliser une telle distinction, simplement parce qu'il n'est pas toujours possible d'avoir suffisamment de données dans chacun des groupes ainsi créé. On a alors parfois recours à des procédures comme la cross-validation pour établir la structure optimale du réseau.

### III.6.2.4. Apprentissage

L'apprentissage est vraisemblablement la propriété la plus intéressante des réseaux neuronaux. Donc, c'est la phase de développement d'un réseau de neurones durant laquelle le comportement du réseau est modifié jusqu'à l'obtention du comportement désiré. L'apprentissage neuronal fait appel à des exemples de comportement. Dans le cas des réseaux de neurones artificiels, on ajoute souvent à la description du modèle l'algorithme d'apprentissage. Le modèle sans apprentissage présente en effet peu d'intérêt. Dans la majorité des algorithmes actuels, les variables modifiées pendant l'apprentissage sont les poids synaptiques et les biais. L'apprentissage est la modification des poids du réseau dans l'optique d'accorder la réponse du réseau aux exemples et à l'expérience. Il est souvent impossible de décider à priori des valeurs des poids des connexions d'un réseau pour une application donnée. Certains modèles de réseaux sont improprement dénommés à apprentissage permanent. Dans ce cas il est vrai que l'apprentissage ne s'arrête jamais, cependant on peut toujours distinguer une phase d'apprentissage (en fait la remise à jour du comportement) et une phase d'utilisation. Cette technique permet de conserver au réseau un comportement adapté malgré les fluctuations dans les données d'entrées. Au niveau des algorithmes d'apprentissage, il a été défini deux grandes classes selon que l'apprentissage est dit «supervisé» ou non «supervisé». Cette distinction repose sur la forme des exemples d'apprentissage. Dans le cas de l'apprentissage supervisé, les exemples sont des couples (Entrées, Sorties associées) alors que l'on ne dispose que des valeurs (Entrées) pour l'apprentissage non supervisé. Plusieurs règles ont été proposées pour rendre compte de l'apprentissage d'un réseau, la plus connue découle de la remarque d'un neurophysiologiste, Donald Hebb.

### a. Loi d'apprentissage de Hebb [HEBB, 1949]

"Si deux cellules sont activées en même temps alors la force de la connexion augmente". On peut, dans le cadre des réseaux de neurones artificiels, énoncer cette règle de la façon suivante **[PARIZEAU, 2004]**:

1. Si deux neurones de part et d'autre d'une connexion sont actives simultanément, alors la force de cette connexion doit être augmentée ;
2. De la même manière, si les deux neurones sont actifs alternativement (de façon asynchrone), la force de la connexion doit être revue à la baisse.

M. Parizeau propose dans son cours **[PARIZEAU, 2004]** un certain nombre de propriétés qui découlent de cette règle :

i)     Les modifications apportées à une synapse (connexion) de type "Hebbien" dépendent du moment exact des activités pré- et post-synaptique. Il existe donc une dépendance temporelle à ces modifications ;

ii)    Le fait même de définir l'emplacement d'un neurone par rapport à un autre pour l'activation induit une dépendance spatiale ;

iii)   Il faut définir une propriété d'interaction de part et d'autre de la synapse.

Mathématiquement, la règle de Hebb peut s'énoncer de la façon suivante :
$$\Delta w(t-1) = \eta\, p(t)a(t)$$
$$\text{Avec}: \Delta w(t-1) = w(t) - w(t-1) \tag{III.3}$$

$\eta$ est une constante positive qui va caractériser la vitesse de l'apprentissage. Cette règle présente l'inconvénient de pouvoir laisser les poids augmenter de façon exponentielle dans le cas ou l'entrée et la sortie restent constantes. Pour éviter ce problème, il peut être défini la règle de Hebb *avec oubli* en ajoutant à l'expression précédente un facteur représentant une fraction de la valeur précédente du poids. Cette règle se présente de la façon suivante :

$$\Delta w(t-1) = \eta\, p(t)a(t) - \alpha\, w(t-1) \qquad Avec: 0 \le \alpha \le 1 \tag{III.4}$$

Cette règle présente néanmoins l'inconvénient de pouvoir oublier totalement une connexion si les stimuli d'entrée ne sont pas répétés suffisamment souvent.

Pour pallier ce problème il est possible d'utiliser une autre règle dite règle "Instar" et d'imposer une vitesse d'oubli égale à celle d'apprentissage, soit $\alpha = \eta$:

$$\Delta w(t-1) = \eta a(t)\big[p(t) - w(t-1)\big] \tag{III.5}$$

### b. Apprentissage compétitif

Il s'agit ici de mettre en compétition les neurones d'un réseau et de déterminer un vainqueur qui verra son poids augmenter. Cela se traduit de la manière suivante :

$$\Delta w = \begin{cases} \eta(p-w) & \text{Si le neurone est le vainqueur} \\ 0 & \text{Si non} \end{cases} \tag{III.6}$$

Avec $0 < \eta < 1$

Des réseaux un peu plus élaborés définissent un terme de voisinage. Ainsi, non plus seulement le vainqueur se verra attribuer une augmentation de son poids, mais également ses voisins proches. Dans ce cas, on a :

$$\Delta w = \begin{cases} \eta_1(p-w) & \text{Si il s'agit du vainqueur} \\ \eta_2(p-w) & \text{Si il s'agit d'un voisin vainqueur} \\ 0 & \text{Dans tout les autres cas} \end{cases} \tag{III.7}$$

Avec $1 > \eta_1 > \eta_2 > 0$

### c. Apprentissage supervisé

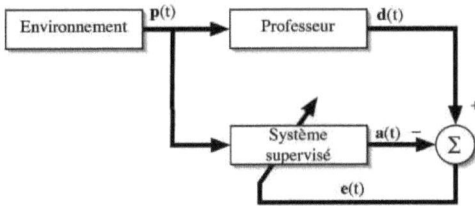

**Figure III.18 :** Schéma de principe de l'apprentissage supervisé [**PARIZEAU, 2004**].

Dans le cas de l'apprentissage supervisé, il faut fournir au réseau ce que M. Parizeau **[Parizeau, 2004]** appelle un "professeur" qui donne comme réponse à un vecteur **p(t)** donné en entrée, un vecteur de sortie **d(t)** dont les composantes sont considérées comme des valeurs de références. Le même vecteur **p(t)** est présenté au système, qui est modifié en tenant compte de l'erreur **e(t)** entre la sortie qu'il propose **a(t)** et la sortie donnée par le professeur **d(t)**. On dit ainsi que le système "apprend" du "professeur". La figure III.18 expose le principe de l'apprentissage supervisé.

### d. Apprentissage non supervisé

Dans le cas de l'apprentissage non supervisé, le système ne dispose que des valeurs d'entrées. Les stimuli provoquent une auto adaptation du réseau qui développe ainsi une habileté à représenter ces stimuli. Le réseau peut ainsi créer des classes de stimuli similaires.

### e. Perceptron

Le Perceptron simple est constitué d'une seule couche de S neurones. Le vecteur des entrées **p** possède R composantes. Ainsi, la matrice des poids **W** aura pour dimensions SxR et le vecteur des biais **b** aura pour dimension S. Le vecteur des sorties aura quand à lui la dimension S. La fonction de transfert utilisée est la fonction seuil. Le schéma de principe d'un tel réseau est exposé sur la figure III.19.

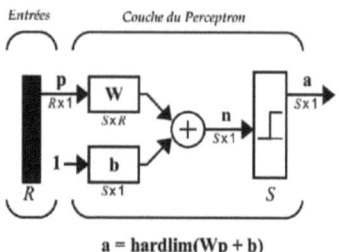

$$a = hardlim(Wp + b)$$

**Figure III.19 :** Schéma de principe du perceptron simple [**MATH WORKS, 2007**].

Les valeurs $a_i$ du vecteur de sortie **a** suivront l'équation suivante :

$$a_i = \begin{cases} 1 & \text{si } n_i \geq 0 \\ 0 & \text{si non} \end{cases} \qquad \text{(III.8)}$$

L'état binaire de la sortie implique une frontière de séparation dans l'espace des entrées. En effet, suivant que les stimuli seront d'un côté ou de l'autre de cette frontière, la valeur de sortie leur correspondant sera 0 ou 1. Pour l'apprentissage du réseau, un vecteur d'erreurs **e** sera défini par : **e = d - a** ou **d** est le vecteur des sorties désirées. Il s'agit par conséquent d'un cas d'apprentissage supervisé. La modification des poids et des biais s'effectue de la façon suivante :

### f. Règle LMS

La règle LMS pour Least Mean Square (Moindres Carres Moyen) consiste à minimiser l'erreur quadratique moyenne entre les sorties désirées et les sorties obtenues. En utilisant un algorithme de descente du gradient, on obtient une modification des poids et des biais en fonction de l'erreur et des entrées dont l'écriture est donnée par les équations III.9.

$$\Delta W(t) = 2\alpha \, e(t) \, p^T(t)$$
$$\Delta b(t) = 2\alpha \, e(t) \qquad \text{(III.9)}$$

α est le pas de descente vu précédemment.

## g. Rétropropagation

Le principe de la rétropropagation (backpropagation) est de dire que puisqu'il n'est pas possible de comparer l'erreur des neurones des couches cachées avec des valeurs d'erreurs cibles, puisqu'elles sont inconnues, une part de l'erreur globale du réseau sera attribuée à chacun des neurones à posteriori en fonction du poids et de la valeur du biais de chacun des neurones.

La rétropropagation est en fait une généralisation de la règle LMS à l'ensemble du réseau. Il s'agit ici encore d'une méthode d'apprentissage supervisé.

En considérant le vecteur de sortie d'une couche k dans un réseau multicouches de type perceptron, nous obtenons :

$$a^k = f^k\left(W^k a^k + b^k\right) \text{ pour } k = 1,..., M \tag{III.10}$$

Le vecteur **f** correspond aux fonctions de transfert des neurones de la couche k (Figure III.14). En utilisant la méthode de descente du gradient, il vient :

$$\begin{aligned} \Delta W^k(t) &= -\alpha\, s^k(t)(a^{k-1})^T(t) \\ \Delta b^k(t) &= -\alpha\, s^k(t) \end{aligned} \tag{III.11}$$

$s^k$ est le vecteur de sensibilité à l'erreur globale affecté aux neurones de la couche $k$. Il s'écrit :

$$s^k = F^k\left(n^k\right)\left(W^{k-1}\right)^T s^{k+1}$$

Avec :

$$n_i^k = \sum_{j=1}^{s^{k-1}} w_{i,j}^k a_j^{k-1} + b_i^k$$

Et :

$$F^k\left(n^k\right) = \begin{pmatrix} f^k\left(n_1^k\right) & 0 & \cdots & 0 \\ 0 & f^k\left(n_2^k\right) & \cdots & 0 \\ \vdots & \vdots & \ddots & \vdots \\ 0 & 0 & \cdots & f^k\left(n_{s^k}^k\right) \end{pmatrix} \tag{III.12}$$

### h. Momentum

Un terme appelé *"momentum"* peut être ajouté pour améliorer la qualité et la vitesse de la convergence. En le notant $\eta$, tel que $0 \leq \eta \leq 1$, on écrit :

$$\Delta W^k(t) = \eta \, \Delta W^k(t-1) - (1-\eta)\alpha \, s^k(t)(a^{k-1})^T(t)$$
$$\Delta b^k(t) = \eta \, \Delta b^k(t-1) - (1-\eta)\alpha \, s^k(t) \qquad \text{(III.13)}$$

Le terme de "momentum" revient à conserver un pourcentage du pas précédent.

### i. Taux d'apprentissage adaptatif

Une autre amélioration est de considérer non plus un taux d'apprentissage $\eta$ fixe, mais variable au cours des itérations.

## III.6.2.5. Les grands types de réseaux

Les chercheurs n'ont jamais cessé d'inventer de nouveaux types de réseaux toujours mieux adaptés à la recherche de solutions des problèmes particuliers. Ainsi, il n'est pas possible d'énumérer l'ensemble des types de réseaux de neurones disponibles jusqu'à nos jours ; cependant, à titre illustratif sont présentées deux familles parmi les plus populaires.

## III.6.2.5.1. Perceptrons Multicouche

Malgré son nom quelque peu barbare, le perceptron multicouche est sans doute le plus simple et le plus connu des réseaux de neurones. La structure est relativement simple :

- une couche d'entrée ;
- une couche de sortie ;
- une ou plusieurs couches cachées.

Chaque neurone n'est relié qu'aux neurones des couches précédentes, mais à tous les neurones de la couche précédente. La fonction d'activation utilisée est en générale une somme pondérée.

## III.6.2.5.2. Les Réseaux de Kohonen

Les réseaux de Kohonen dont on parle généralement sans les distinguer, décrivent en fait trois familles de réseaux de neurones :

**a. VQ: Vector Quantization** (apprentissage non supervisé)

Introduite par Grossberg **[Grossberg, 1976]**, la quantification vectorielle est une méthode généralement qualifiée d'estimateur de densité non supervisé. Elle permet de retrouver des groupes sur un ensemble de données, de façon relativement similaire à un *k-means algorithm* que l'on préfèrera d'ailleurs généralement à un **VQ** si la simplicité d'implémentation n'est pas un élément majeur de la résolution du problème.

**b. SOM: Self Organizing Map** (apprentissage non supervisé)

Les **SOM** sont issus des travaux de Kohonen **[KOHONEN, 1995]**. Ces réseaux sont très utilisés pour l'analyse de données. Ils permettent de cartographier en deux dimensions et de distinguer des groupes dans des ensembles de données. Les SOM sont encore largement utilisés mais les scientifiques leur préfèrent maintenant les **LVQ**.

**c. LVQ: Learning Vector Quantization** (apprentissage supervisé)

Les réseaux utilisant la méthode **LVQ** ont été proposés par Kohonen **[KOHONEN, 1988]**. Des trois types de réseaux présentés ici, la **LVQ** est la seule méthode qui soit réellement adaptée à la classification de données par "recherche du plus proche voisin".

**d. Réseaux de Hopfield**

Ces réseaux sont des réseaux récursifs, un peu plus complexes que les perceptrons multicouches. Chaque cellule est connectée à toutes les autres et les changements de valeurs de cellules s'enchaînent en cascade jusqu'à un état stable. Ces réseaux sont bien adaptés à la reconnaissance de formes.

# CHAPITRE IV : Analyse et modélisation des phénomènes régissant le processus de tournage dur

## IV.1. Introduction

Ces dernières années, le tournage dur des pièces en acier trempé dont la dureté dépasse souvent 46 HRC **[BOUACHA, 2010]** est devenu une technique très populaire dans la fabrication des engrenages, arbres, roulements, cames, pièces forgées, matrices et moules. Afin de résister aux charges mécanique et thermiques très élevée et des matériaux de la pièce, les matériaux de coupe avec des performances améliorées, telles que les grains ultrafins des carbures cémentés, cermets, céramiques, nitrures de bore cubique (CBN), nitrure de bore cubique polycristallin (PCBN) et diamants polycristallins, ont été développés et appliqués **[POULACHON, 2001]**. Le tournage dur est une technologie en développement qui offre de nombreux avantages potentiels par rapport à la rectification, qui reste le processus standard de finition pour les surfaces critiques en acier trempé **[TÖNSHOFF, 2000]**. Ce processus a été développé comme une alternative au processus de rectification. Il peut éventuellement remplacer un grand nombre d'opérations de meulage. Certains facteurs décisifs menant à cette tendance de fabrication sont: une réduction substantielle des coûts de fabrication, une diminution du temps de production, la réalisation des surfaces finies comparables et enfin, la réduction ou l'élimination des fluides de refroidissement nuisibles à l'environnement **[TÖNSHOFF, 2000] ; [KÖNIG, 1993] ; [KLOCKE, 2005]**. Durant les opérations de finition en tournage dur, des interactions complexes et mutuelles sont créées entre l'outil et la pièce à la surface de contact. Par conséquent, les efforts de coupe importants et les conditions tribologiques extrêmes se développant par de sévères frictions, à sec et à des températures élevées à l'interface de contact (pièce-outil et outil-copeau) sont enregistrées causant ou tendant vers l'accélération de l'usure de l'outil et parfois à sa rupture. En conséquence, les précisions sur les dimensions de la pièce finie et la rugosité de surface sont altérées et les caractéristiques mécaniques des matériaux sont modifiées. Pour améliorer la mise en œuvre de cette technologie, des questions sur la capacité de ce processus à produire des surfaces qui répondent à la finition et les exigences d'intégrité doivent être étudiées. A savoir que les avantages économiques potentiels du tournage dur peuvent être compensés par l'usure rapide ou la défaillance prématurée de l'outil si les outils de coupe requis pour le tournage dur ne sont pas utilisés correctement. L'économie de ce procédé doit être justifiée, ce qui nécessite une meilleure compréhension des phénomènes qui interviennent lors de l'opération du tournage dur.

En tournage, il ya plusieurs facteurs qui affectent le comportement du processus de coupe. La sélection des paramètres de coupe optimaux est généralement une tâche difficile, cependant, elle est très importante pour obtenir une qualité améliorée du produit, une productivité élevée et un faible coût.

La finition en tournage dur admet plusieurs points de différence par rapport au tournage conventionnel des matériaux plus tendres. Etant donné que le matériau est plus difficile, les efforts de coupe spécifiques (force par unité de section transversale du copeau) sont plus grands que dans le tournage conventionnel.

Dans ce travail, une tentative a été faite pour étudier les effets des paramètres de coupe (vitesse de coupe, avance et la profondeur de passe) sur les réponses (les efforts de coupe, la rugosité de surface et la durée de vie des outils) lors du tournage de l'acier à roulements AISI 52100 durcis à 60 HRC avec un outil en CBN. Dans cette recherche, la table orthogonale de Taguchi L27 et le plan factoriel à points centraux (CCD) sont adoptés comme modèle expérimental. Les effets combinés des paramètres de coupe sur les réponses sont étudiés tout en employant l'analyse des variances (ANOVA). La relation entre les paramètres de coupe et les variables de sortie à travers les méthodologies des surfaces de réponse (RSM) et le réseau de neurones artificiels (ANN) sont modélisés.

La technique d'optimisation de la désirabilité composée associée aux modèles quadratiques des surfaces de réponses est utilisée comme méthode d'optimisation multi-objective afin de trouver les valeurs optimales des paramètres de coupe qui permettent d'optimiser simultanément les sorties.

## IV.2. Résultats et discussion
## IV.2.1. Usure de l'outil

L'usure en dépouille a été mesurée pour différentes plaquettes selon les combinaisons des paramètres de coupe (Tableau IV.1). La zone de l'usure des outils survient surtout au bout du rayon du bec de l'outil sur la surface en dépouille. Ce type d'usure semblait dominer tout processus d'usinage.

| Régime 1 | | Régime 9 | | Régime 10 | | Régime 18 | | Régime 19 | | Régime 27 | |
|---|---|---|---|---|---|---|---|---|---|---|---|
| Temps (min) | VB (mm) | Temps (min) | VB (mm) | Temps (min) | VB (mm) | Temps (min) | VB (mm) | Temps (min) | VB (mm) | Temps (min) | VB (mm) |
| 2 | 0.063 | 2 | 0.067 | 2 | 0.081 | 2 | 0.091 | 2 | 0.083 | 2 | 0.119 |
| 6 | 0.12 | 4 | 0.091 | 4 | 0.122 | 4 | 0.129 | 4 | 0.115 | 4 | 0.146 |
| 8 | 0.129 | 6 | 0.131 | 6 | 0.137 | 6 | 0.141 | 6 | 0.146 | 6 | 0.192 |
| 10 | 0.138 | 10 | 0.143 | 8 | 0.143 | 8 | 0.165 | 8 | 0.159 | 8 | 0.212 |
| 12 | 0.145 | 14 | 0.169 | 10 | 0.152 | 10 | 0.171 | 10 | 0.189 | 10 | 0.237 |
| 14 | 0.151 | 16 | 0.179 | 14 | 0.195 | 12 | 0.191 | 12 | 0.217 | 12 | 0.277 |
| 16 | 0.163 | 18 | 0.188 | 16 | 0.203 | 14 | 0.207 | 14 | 0.223 | 14 | 0.311 |
| 18 | 0.172 | 22 | 0.201 | 18 | 0.215 | 16 | 0.219 | 16 | 0.255 | 16 | 0.331 |
| 22 | 0.191 | 24 | 0.223 | 26 | 0.266 | 18 | 0.229 | 18 | 0.271 | 18 | 0.352 |
| 26 | 0.215 | 32 | 0.258 | 34 | 0.284 | 22 | 0.256 | 20 | 0.277 | 22 | 0.364 |
| 34 | 0.237 | 38 | 0.278 | 40 | 0.326 | 28 | 0.326 | 22 | 0.297 | 24 | 0.388 |
| 40 | 0.249 | 46 | 0.328 | - | - | 30 | 0.355 | 24 | 0.315 | - | - |
| 50 | 0.279 | - | - | - | - | - | - | 26 | 0.335 | - | - |
| 56 | 0.31 | - | - | - | - | - | - | - | - | - | - |

**Tableau IV.1 :** Evolution de l'usure VB du CBN en fonction du temps et des paramètres de coupe.

La figure IV.1 illustre le comportement typique de l'usure en dépouille, obtenue au cours du tournage de finition de l'acier à roulements AISI 52100, en fonction du temps de coupe pour six différentes combinaisons des niveaux des paramètres de coupe.

Dans le présent travail, toutes les conditions expérimentales étudiées, la valeur de l'usure en dépouille augmente de façon monotone avec le temps de coupe. Nous retrouvons le processus classique de l'usure des outils qui suit les trois étapes suivantes : usure rapide initiale, usure progressive et finalement usure très rapides ou catastrophiques.

L'augmentation des valeurs des paramètres de coupe en plus de la haute résistance au cisaillement du métal (60HRC) accélèrent l'usure des outils et réduisent, par conséquent leur durée de vie. Pour des valeurs élevées de la vitesse de coupe et de l'avance, le temps de défaillance de l'outil est atteint rapidement. L'usure en dépouille a été rapide à des vitesses de coupe et des avances plus élevées, surtout que l'usinage est à sec. L'usure en dépouille accrue a été observée avec l'augmentation de la vitesse de coupe car cette dernière rend plus petite la surface de contact à l'interface outil-copeau ce qui provoque une concentration des hautes températures très proche de l'arête de coupe. Bien que l'interface outil-pièce ait subi un chauffage significatif durant le processus de coupe, les particules de CBN se sont tenues rigoureusement et efficacement mis en place par la matrice de TiN. Par ailleurs, le revêtement CBN-TiN a une faible teneur en particules de CBN, et donc, une faible conductivité thermique. Donc, très probablement, la chaleur produite à l'interface est partiellement transférée à la pièce et au copeau, conservant ainsi l'intégrité des phases TiN contraignant. L'usure en entaille, qui dégrade habituellement la surface, n'a pas été observée pour les plaquettes de coupe revêtues utilisées en CBN-TiN.

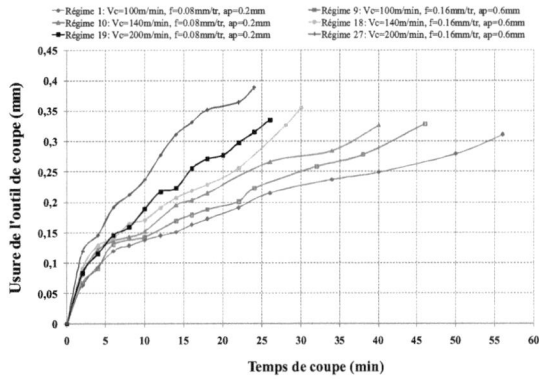

**Figure IV.1** : Résultats de l'usure du CBN 7020 lors de l'usinage de l'AISI 52100.

## IV.2.2. Forme de l'usure en dépouille

Les efforts sévères subis par les faces d'attaque et en dépouille de l'outil causent l'usure de ce dernier. Ces charges sont accentuées par des phénomènes thermiques, en particulier, à la vitesse de coupe élevée (200m/min). En outre, des températures élevées peuvent provoquer des phénomènes mécaniques et physico-chimiques qui aggravent l'usure de l'outil sur ses deux faces. La figure IV.2 montre l'usure de l'outil CBN : le profil de l'usure sur la surface en dépouille indique l'usure abrasive résultant du frottement de l'arête de l'outil et de la surface en dépouille avec le matériau de la pièce pendant la coupe.

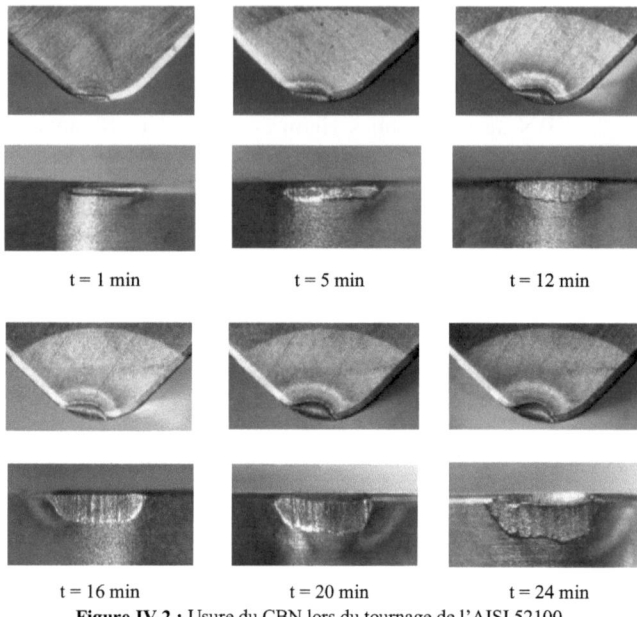

t = 1 min   t = 5 min   t = 12 min

t = 16 min   t = 20 min   t = 24 min

**Figure IV.2 :** Usure du CBN lors du tournage de l'AISI 52100
(Vc = 200m/min, f = 0.08mm/tr, ap = 0,2mm).

L'examen des surfaces usées montre plusieurs rainures de différentes profondeurs à la surface en dépouille. Ces rainures sont principalement dues à des particules de carbure ultra-durs contenues dans l'acier AISI 52100 endurcis **[POULACHON, 2004]** ; **[NARUKATI, 1979]** (carbure de chrome: $M_7C_3$ et $M_3C$. L'abrasion peut également être due aux particules de CBN détachées et devenues comme des particules abrasives libres.

## IV.2.3. Résultats et analyse
### IV.2.3.1. Sélection des critères de la durée de vie des outils

La durée de vie diffère selon le critère d'usure sélectionné. Pour le tournage dur de finition, la rugosité de surface est critique. Selon la norme ISO 3685 [ISO 3685, 1993], l'instant auquel l'outil cesse de produire une pièce d'une qualité de surface souhaitée détermine généralement la fin de sa vie utile. Donc, lorsque Ra atteint la valeur de 1,6 µm (la rugosité de surface fixée par les procédés classiques de rectification), l'usinage est supposé fini. Si un tel critère n'est pas satisfait, l'opération prend fin dès qu'une usure en dépouille de 0,3 mm est atteinte. Les résultats montrent que jusqu'à cette valeur de l'usure, les outils CBN maintiennent bonne leur capacité de coupe, l'augmentation des efforts de coupe est insignifiante et la rugosité de la surface usinée n'augmente pas sensiblement.

## IV.2.3.2. Résultats expérimentaux (T, Ra, Fa, Fc et Fp)

En utilisant la table orthogonale standard de Taguchi L27, les essais ont permis de donner les résultats affichés dans le tableau IV.2.

| Vc (m/min) | f (mm/tr) | ap (mm) | Fa (N) | Fc (N) | Fp (N) | Ra (µr) | T (min) |
|---|---|---|---|---|---|---|---|
| 100 | 0.08 | 0.2 | 72.371 | 107.535 | 162.536 | 0.6 | 54.11 |
| 100 | 0.08 | 0.4 | 96.126 | 132.501 | 227.783 | 0.59 | 52.94 |
| 100 | 0.08 | 0.6 | 127.250 | 213.216 | 313.203 | 0.68 | 49.78 |
| 100 | 0.12 | 0.2 | 74.976 | 118.945 | 185.788 | 0.88 | 50.27 |
| 100 | 0.12 | 0.4 | 98.779 | 146.475 | 243.030 | 0.89 | 48.61 |
| 100 | 0.12 | 0.6 | 144.355 | 200.216 | 332.966 | 0.91 | 46.94 |
| 100 | 0.16 | 0.2 | 126.756 | 166.573 | 201.030 | 0.98 | 45.44 |
| 100 | 0.16 | 0.4 | 152.962 | 199.566 | 287.672 | 1.00 | 40.78 |
| 100 | 0.16 | 0.6 | 179.014 | 314.496 | 403.842 | 1.15 | 42.00 |
| 140 | 0.08 | 0.2 | 65.469 | 97.105 | 139.755 | 0.55 | 36.70 |
| 140 | 0.08 | 0.4 | 90.708 | 118.908 | 203.316 | 0.56 | 35.04 |
| 140 | 0.08 | 0.6 | 125.783 | 170.813 | 249.761 | 0.54 | 32.38 |
| 140 | 0.12 | 0.2 | 65.429 | 70.628 | 139.610 | 0.66 | 34.87 |
| 140 | 0.12 | 0.4 | 94.265 | 135.487 | 213.254 | 0.67 | 33.21 |
| 140 | 0.12 | 0.6 | 126.643 | 192.747 | 247.670 | 0.68 | 30.54 |
| 140 | 0.16 | 0.2 | 79.746 | 113.417 | 156.896 | 0.88 | 31.04 |
| 140 | 0.16 | 0.4 | 116.103 | 175.885 | 247.040 | 0.87 | 29.38 |
| 140 | 0.16 | 0.6 | 159.917 | 205.511 | 304.345 | 0.88 | 26.00 |
| 200 | 0.08 | 0.2 | 55.730 | 71.716 | 111.177 | 0.50 | 22.11 |
| 200 | 0.08 | 0.4 | 88.949 | 116.404 | 162.099 | 0.52 | 21.44 |
| 200 | 0.08 | 0.6 | 122.415 | 167.314 | 208.545 | 0.53 | 20.78 |
| 200 | 0.12 | 0.2 | 50.875 | 82.620 | 121.064 | 0.65 | 20.27 |
| 200 | 0.12 | 0.4 | 79.812 | 110.111 | 182.090 | 0.63 | 19.61 |
| 200 | 0.12 | 0.6 | 111.746 | 177.923 | 216.855 | 0.66 | 18.94 |
| 200 | 0.16 | 0.2 | 75.277 | 98.546 | 130.840 | 0.74 | 16.44 |
| 200 | 0.16 | 0.4 | 109.151 | 161.842 | 204.953 | 0.75 | 15.78 |
| 200 | 0.16 | 0.6 | 127.696 | 213.013 | 269.555 | 0.79 | 13.20 |

**Tableau IV.2 :** Résultats expérimentaux des efforts, de la rugosité et de la durée de vie.

Les efforts de coupe et la rugosité de surface sont tous les deux mesurés à la fin de la durée de vie utile de l'outil qui correspond à VB de 0.3mm. La duré de vie de l'outil a été obtenue dans la gamme de 13,2 - 54.11 min, tandis que la rugosité de surface (Ra) entre 0,5 µm et 1,15 µm. L'effort d'avance, l'effort de coupe (effort tangentiel) et l'effort de pénétration ont été obtenus dans les gammes de 50.875 à 179.014 N, de 70,628 à 314,496 et de 111,177 à 403,842 N, respectivement. Par ailleurs, l'effort de pénétration est 1.5 - 2.5 et 1.2 - 2 plus grand que l'effort d'avance et celui de coupe respectivement.

L'augmentation de l'effort de pénétration (effort de poussée) est due à l'évolution de la résistance des matériaux usinés et de l'utilisation d'un angle de coupe négatif important, une avance petite et une faible profondeur de passe par rapport au rayon du bec de l'outil.

### IV.2.3.3. Résultats expérimentaux (Vb, Ra, Fa, Fc et Fp)

Le tableau IV.3 montre les résultats expérimentaux des composantes de l'effort de coupe, le comportement de l'usure de l'outil et de la rugosité de surface en fonction des variations de la vitesse de coupe (Vc), l'avance (f), la profondeur de passe (ap) et le temps de coupe (t). La collecte des données expérimentales est effectuée en utilisant le plan factoriel à points centraux (CCD).

### IV.2.4. Méthodes de traitement
### IV.2.4.1. Méthode de la surface de réponse (RSM)

Les résultats expérimentaux sont utilisés pour établir le modèle quadratique des efforts de coupe (Fa, Fc et Fp), la durée de vie de l'outil (T) et la rugosité de surface (Ra). Ce modèle peut être écrit comme suit:

$$Y = a_0 + \sum_{i=1}^{3} a_i X_i + \sum_{i=1}^{3} a_{ii} X_i^2 + \sum_{i<j}^{3} a_{ij} X_i X_j \qquad (1)$$

où Y est la réponse souhaitée: composantes des efforts de coupe (Fa, Fc et Fp), la rugosité (Ra) et la durée de vie de l'outil (T), $a_0$ est une constante, $a_j$, $a_{ii}$ et $a_{ij}$ représentent les coefficients linéaire, quadratique et les interactions, respectivement. $X_i$ révèle les variables codées qui correspondent aux paramètres de coupe étudiés. Dans cette étude, l'utilisation du modèle quadratique de la fonction réponse était non seulement d'investiguer l'espace de l'ensemble des facteurs, mais aussi de localiser la région de la cible désirée où la réponse s'approche de sa valeur optimale ou quasi-optimale.

| Vc (m/min) | f (mm/tr) | ap (mm) | t (min) | Fa (N) | Fc (N) | Fp (N) | VB (mm) | Ra (µm) |
|---|---|---|---|---|---|---|---|---|
| 100 | 0.08 | 0.2 | 2 | 50.240 | 85.644 | 121.188 | 0.043 | 0.37 |
| 200 | 0.08 | 0.2 | 2 | 32.227 | 50.610 | 76.744 | 0.083 | 0.28 |
| 100 | 0.16 | 0.2 | 2 | 71.895 | 122.118 | 162.886 | 0.069 | 0.55 |
| 200 | 0.16 | 0.2 | 2 | 42.531 | 78.385 | 112.524 | 0.098 | 0.39 |
| 100 | 0.08 | 0.6 | 2 | 70.675 | 128.713 | 194.080 | 0.062 | 0.41 |
| 200 | 0.08 | 0.6 | 2 | 57.596 | 109.096 | 163.040 | 0.087 | 0.30 |
| 100 | 0.16 | 0.6 | 2 | 109.008 | 169.969 | 224.824 | 0.073 | 0.59 |
| 200 | 0.16 | 0.6 | 2 | 61.274 | 121.620 | 190.443 | 0.119 | 0.44 |
| 100 | 0.08 | 0.2 | 10 | 129.415 | 175.774 | 238.844 | 0.129 | 0.57 |
| 200 | 0.08 | 0.2 | 10 | 90.056 | 120.733 | 167.146 | 0.199 | 0.31 |
| 100 | 0.16 | 0.2 | 10 | 144.699 | 186.953 | 247.788 | 0.143 | 0.67 |
| 200 | 0.16 | 0.2 | 10 | 116.642 | 178.801 | 239.703 | 0.210 | 0.42 |
| 100 | 0.08 | 0.6 | 10 | 179.861 | 246.675 | 331.977 | 0.139 | 0.56 |
| 200 | 0.08 | 0.6 | 10 | 156.550 | 234.510 | 294.285 | 0.208 | 0.30 |
| 100 | 0.16 | 0.6 | 10 | 178.383 | 304.232 | 359.312 | 0.163 | 0.69 |
| 200 | 0.16 | 0.6 | 10 | 168.352 | 254.656 | 314.407 | 0.231 | 0.48 |
| 140 | 0.12 | 0.4 | 6 | 90.312 | 152.370 | 183.453 | 0.120 | 0.46 |
| 140 | 0.12 | 0.4 | 6 | 95.211 | 149.390 | 186.911 | 0.121 | 0.43 |
| 140 | 0.12 | 0.4 | 6 | 96.458 | 152.200 | 198.721 | 0.125 | 0.47 |
| 140 | 0.12 | 0.4 | 6 | 98.547 | 156.360 | 202.824 | 0.128 | 0.44 |
| 140 | 0.12 | 0.4 | 6 | 101.225 | 159.950 | 219.691 | 0.134 | 0.49 |
| 140 | 0.12 | 0.4 | 6 | 93.614 | 151.150 | 200.533 | 0.129 | 0.43 |
| 140 | 0.12 | 0.4 | 6 | 97.058 | 155.100 | 203.365 | 0.131 | 0.46 |
| 140 | 0.12 | 0.4 | 6 | 94.881 | 150.640 | 195.132 | 0.125 | 0.45 |

**Tableau IV.3 :** Résultats expérimentaux des efforts, de l'usure et de la rugosité.

## A. Test Anderson-Darling

Le test d'Anderson-Darling et les droites de probabilité normale des résidus pour la réponse prédite des composantes de l'effort de coupe (Fa, Fc et Fp), de la rugosité de surface (Ra) et de la durée de vie de l'outil (T) sont représentés par la figure IV.3. Les données suivent de près la ligne droite. L'hypothèse nulle est que : la loi de distribution des données est normale et l'hypothèse alternative est qu'elle est non-normale. L'utilisation de la P-value (0,143 à 0,598) qui est supérieur à $\alpha = 0,05$ (niveau de signification), donc nous ne pouvons pas rejeter l'hypothèse nulle (ie, les données suivent une distribution normale). En se basant sur les graphes et les tests de normalité, on peut supposer que les données proviennent d'une population normalement distribuées. Cela implique que les modèles proposés sont adéquats.

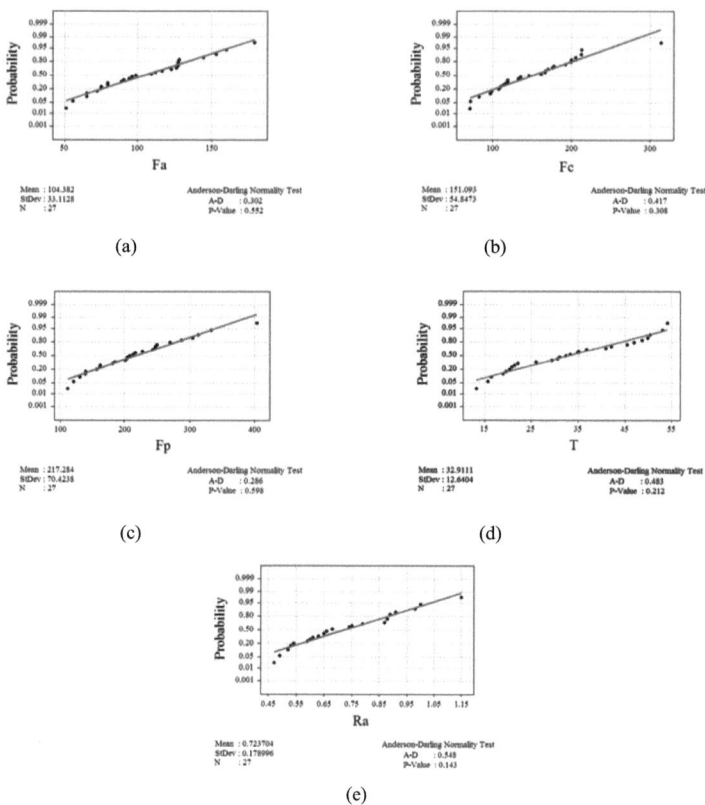

Figure IV.3 : Normale de probabilité : efforts, tenue  et rugosité.

## B. Analyse ANOVA

Les significations statistiques des modèles quadratiques ajustés ont été évaluées par les P- values de l'analyse ANOVA. Les valeurs sont données dans les tableaux IV.4 et IV.5. Lorsque les P-values sont inférieures à 0,05 (ou 95% confiance), les modèles obtenus sont considérés comme statistiquement significatifs. Elle démontre que les termes choisis dans le modèle ont des effets significatifs sur les réponses.

L'autre coefficient important est le coefficient de détermination $R^2$ qui est une mesure du degré d'ajustement du modèle. Lorsque $R^2$ se rapproche de l'unité, meilleure est la réponse du modèle qui correspond aux données réelles. En outre, les courbes des effets principaux et les surfaces de réponse 3D correspondant à chaque analyse des variances ont été construites. Ces courbes sont utilisées pour étudier l'influence des paramètres de coupe sur les réponses, et sont illustrées dans les figures IV.5 –IV.13.

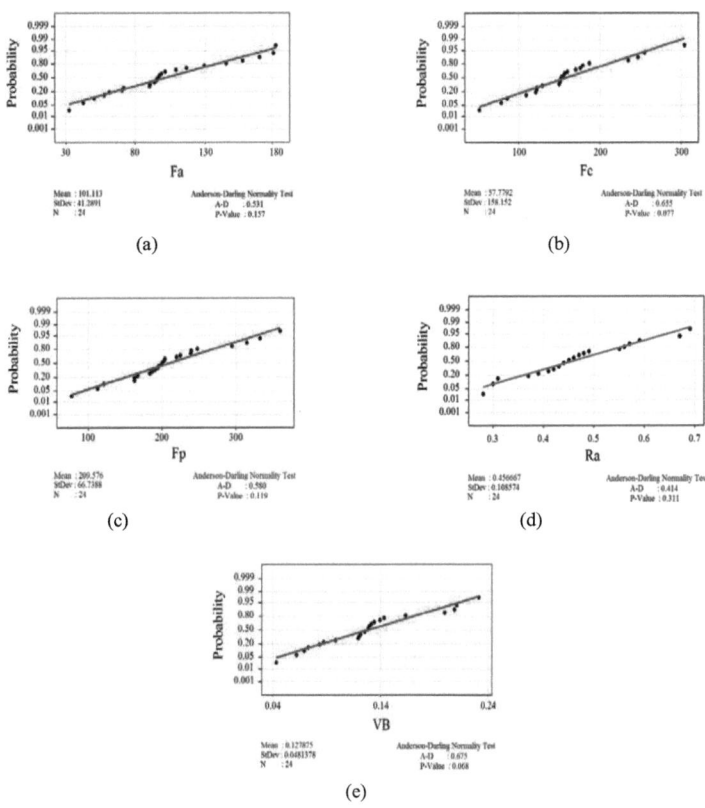

**Figure IV.4 :** Normale de probabilité : efforts, rugosité et usure.

| Termes | DL | SC séq | SC ajust | CM ajust | F | P | PC% |
|---|---|---|---|---|---|---|---|
| *(a) Analyse des variances pour Fa en fonction de: Vc, f, ap* | | | | | | | |
| Vc | 1 | 3368.2 | 265.1 | 265.1 | 6.04 | 0.023 | 11.81 |
| f | 1 | 4412.4 | 361.0 | 361.0 | 8.22 | 0.009 | 15.48 |
| ap | 1 | 17309.8 | 17309.8 | 17309.8 | 394.1 | 0.000 | 60.72 |
| f*f | 1 | 1427.7 | 1427.7 | 1427.7 | 32.51 | 0.000 | 5.01 |
| Vc*f | 1 | 1067.4 | 1067.4 | 1067.4 | 24.30 | 0.000 | 3.74 |
| Erreur | 21 | 922.4 | 922.4 | 43.9 | | | 3.24 |
| Total | 26 | 28507.9 | | | | | 100 |
| *(b) Analyse des variances pour Fc en fonction de: Vc, f, ap* | | | | | | | |
| Vc | 1 | 8091 | 2591 | 2591 | 8.49 | 0.008 | 10.34 |
| f | 1 | 11417 | 1635 | 1635 | 5.36 | 0.031 | 14.60 |
| ap | 1 | 47860 | 47860 | 47860 | 156.91 | 0.000 | 61.19 |
| Vc*Vc | 1 | 1848 | 1848 | 1848 | 6.06 | 0.023 | 2.36 |
| f*f | 1 | 2591 | 2591 | 2591 | 8.49 | 0.008 | 3.31 |
| Erreur | 21 | 6405 | 6405 | 305 | | | 8.19 |
| Total | 26 | 78214 | | | | | 100 |
| *(c) Analyse des variances pour Fp en fonction de: Vc, f, ap* | | | | | | | |
| Vc | 1 | 30013 | 2137 | 2137 | 14.71 | 0.001 | 23.28 |
| f | 1 | 10177 | 795 | 795 | 5.48 | 0.030 | 7.89 |
| ap | 1 | 79740 | 3513 | 3513 | 24.19 | 0.000 | 61.84 |
| Vc*Vc | 1 | 1777 | 1777 | 1777 | 12.24 | 0.002 | 1.38 |
| f*f | 1 | 894 | 894 | 894 | 6.15 | 0.023 | 0.69 |
| Vc*ap | 1 | 2159 | 2159 | 2159 | 14.86 | 0.001 | 1.67 |
| f*ap | 1 | 1429 | 1429 | 1429 | 9.84 | 0.005 | 1.11 |
| Erreur | 19 | 2759 | 2759 | 145 | | | 2.14 |
| Total | 26 | 128947 | | | | | 100 |
| (d) Analyse des variances pour T  en fonction de: Vc, f, ap | | | | | | | |
| Vc | 1 | 3731.61 | 237.73 | 237.73 | 174.65 | 0.000 | 89.83 |
| f | 1 | 236.31 | 43.6 | 43.60 | 32.03 | 0.000 | 5.69 |
| ap | 1 | 52.33 | 52.33 | 52.33 | 38.44 | 0.000 | 1.26 |
| Vc*Vc | 1 | 98.94 | 98.94 | 98.94 | 72.69 | 0.000 | 2.38 |
| Vc*f | 1 | 6.50 | 6.50 | 6.50 | 4.78 | 0.040 | 0.16 |
| Erreur | 21 | 28.58 | 28.58 | 1.36 | | | 0.69 |
| Total | 26 | 4154.28 | | | | | 100 |
| *(e) Analyse des variances pour Ra  en fonction de: Vc, f, ap* | | | | | | | |
| Vc | 1 | 0.19987 | 0.03342 | 0.03342 | 22.09 | 0.000 | 23.99 |
| f | 1 | 0.53389 | 0.10532 | 0.10532 | 69.59 | 0.000 | 64.09 |
| ap | 1 | 0.01125 | 0.01125 | 0.01125 | 7.43 | 0.013 | 1.35 |
| Vc*Vc | 1 | 0.03874 | 0.03874 | 0.03874 | 25.60 | 0.000 | 4.65 |
| Vc*f | 1 | 0.0175 | 0.01750 | 0.01750 | 11.57 | 0.003 | 2.10 |
| Erreur | 21 | 0.03178 | 0.03178 | 0.00151 | | | 3.81 |
| Total | 26 | 0.83303 | | | | | 100 |

**Tableau IV.4 :** Analyse des variances : efforts, rugosité et tenue en fonction des paramètres de coupe.

| Termes | DL | SC séq | SC ajust | CM ajust | F | P | PC% |
|---|---|---|---|---|---|---|---|
| *(a) Analyse des variances pour Fa en fonction de: Vc. f. ap. t* | | | | | | | |
| Vc | 1 | 2482.6 | 798.9 | 798.9 | 16.54 | 0.001 | 6.33 |
| f | 1 | 994.8 | 994.8 | 994.8 | 20.59 | 0 | 2.54 |
| ap | 1 | 5775.8 | 450.1 | 450.1 | 9.32 | 0.007 | 14.73 |
| t | 1 | 27931.8 | 2728 | 2728 | 56.47 | 0 | 71.24 |
| Vc*Vc | 1 | 570.5 | 570.5 | 570.5 | 11.81 | 0.003 | 1.45 |
| ap*t | 1 | 633.5 | 633.5 | 633.5 | 13.11 | 0.002 | 1.62 |
| Erreur | 17 | 821.3 | 821.3 | 48.3 | | | 2.09 |
| Total | 23 | 39210.2 | | | | | |
| *(b) Analyse des variances pour Fc en fonction de: Vc. f. ap. t* | | | | | | | |
| Vc | 1 | 4300 | 897 | 897 | 11.47 | 0.004 | 5.60 |
| f | 1 | 4388 | 4388 | 4388 | 56.09 | 0 | 5.72 |
| ap | 1 | 20339 | 1648 | 1648 | 21.06 | 0 | 26.49 |
| t | 1 | 43700 | 2713 | 2713 | 34.67 | 0 | 56.91 |
| Vc*Vc | 1 | 584 | 584 | 584 | 7.46 | 0.014 | 0.76 |
| ap*t | 1 | 2143 | 2143 | 2143 | 27.39 | 0 | 2.79 |
| Erreur | 17 | 1330 | 1330 | 78 | | | 1.73 |
| Total | 23 | 76784 | | | | | |
| *(c) Analyse des variances pour Fp en fonction de: Vc. f. ap. t* | | | | | | | |
| Vc | 1 | 5753 | 2794 | 2794 | 21.53 | 0 | 5.62 |
| f | 1 | 4375 | 4375 | 4375 | 33.71 | 0 | 4.27 |
| ap | 1 | 31112 | 5699 | 5699 | 43.9 | 0 | 30.37 |
| t | 1 | 56137 | 6713 | 6713 | 51.72 | 0 | 54.80 |
| Vc*Vc | 1 | 2138 | 2138 | 2138 | 16.47 | 0.001 | 2.09 |
| ap*t | 1 | 722 | 722 | 722 | 5.56 | 0.031 | 0.70 |
| Erreur | 17 | 2207 | 2207 | 130 | | | 2.15 |
| Total | 23 | 102444 | | | | | |
| *(d) Analyse des variances pour VB en fonction de: Vc. f. ap. t* | | | | | | | |
| Vc | 1 | 0.010674 | 0.000848 | 0.000848 | 34.55 | 0 | 20.03 |
| f | 1 | 0.001521 | 0.001521 | 0.001521 | 61.98 | 0 | 2.85 |
| ap | 1 | 0.000729 | 0.000729 | 0.000729 | 29.71 | 0 | 1.37 |
| t | 1 | 0.038809 | 0.000931 | 0.000931 | 37.95 | 0 | 72.82 |
| Vc*t | 1 | 0.001122 | 0.001122 | 0.001122 | 45.73 | 0 | 2.10 |
| Erreur | 18 | 0.000442 | 0.000442 | 0.000025 | | | 0.83 |
| Total | 23 | 0.053297 | | | | | |
| *(e) Analyse des variances pour Ra en fonction de: Vc. f. ap. t* | | | | | | | |
| Vc | 1 | 0.136074 | 0.004778 | 0.004778 | 10.35 | 0.005 | 50.19 |
| f | 1 | 0.079806 | 0.079806 | 0.079806 | 172.83 | 0 | 29.43 |
| ap | 1 | 0.002756 | 0.002756 | 0.002756 | 5.97 | 0.026 | 1.02 |
| t | 1 | 0.028056 | 0.02704 | 0.02704 | 58.56 | 0 | 10.35 |
| Vc*Vc | 1 | 0.002784 | 0.002784 | 0.002784 | 6.03 | 0.025 | 1.03 |
| Vc*t | 1 | 0.013806 | 0.013806 | 0.013806 | 29.9 | 0 | 5.09 |
| Erreur | 17 | 0.00785 | 0.00785 | 0.000462 | | | 2.89 |
| Total | 23 | 0.271133 | | | | | |

**Tableau IV.5 :** Analyse des variances : efforts, usure de l'outil et rugosité en fonction de Vc, f, ap, t.

Le tableau IV.4 (d) montre que la vitesse de coupe est le facteur principal contribuant à la tenue de l'outil (89,83%). L'avance et son interaction avec la vitesse de coupe ont une influence modeste qui représente 5,69% et 0,16% de la variabilité totale. La profondeur de passe a des niveaux beaucoup plus faibles de la contribution de 1,26%.

La figure IV.5 montre une diminution de la durée de vie de l'outil avec l'augmentation de la vitesse de coupe, pour atteindre une valeur minimale de 13,2 min à la vitesse de coupe de 200 m/min (f = 0,16 mm/tr, ap = 0,6 mm). En effet, lors de l'usinage le matériau de la pièce est sujet à l'écrouissage, avec l'augmentation de la vitesse de coupe, ceci peut générer des températures élevées dans l'interface pièce-outil-copeau, des soudures sur la surface de l'outil, en plus de la résistance élevée à l'enlèvement de métal en raison de la haute résistance au cisaillement. Ceci conduit généralement à une durée de vie plus courte de l'outil, un écaillage prononcée, une défaillance prématurée de l'arête de coupe et une rugosité de surface sévère.

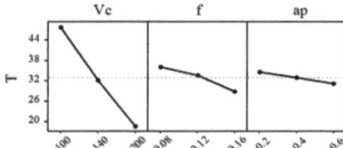

**Figure IV.5 :** Courbe des effets principaux : moyenne de la tenue de l'outil (T).

Le facteur le plus significatif sur les composantes de l'effort de coupe est la profondeur de passe (ap) indiqué par la contribution de 61,84% de la variabilité totale (Tableau IV.4 (a), (b) et (c)). Ceci peut être expliqué par l'effet de l'augmentation de la limite élastique liée à l'augmentation de la dureté de la pièce et l'utilisation de faibles profondeurs de passe (0,2 - 0,6) par rapport au rayon de bec de l'outil (0,8 mm) ; la coupe a lieu donc au rayon du bec seulement. La seconde plus large contribution sur l'effort de coupe vient de l'avance avec les valeurs respectives 15.48% et 14.60%, alors celles de la vitesse de coupe 11,81% et 10,34 de la variabilité totale. Cela indique que la vitesse de coupe a peu d'influence sur l'effort de coupe. Cependant, pour l'effort de poussée, Vc est en deuxième position avec une contribution de 23,28% de la variabilité totale.

136

Les courbes des effets sur la figure IV.6 indiquent que les composantes de l'effort de coupe (Fa, Fc et Fp) sont sensiblement affectées par l'avance, la profondeur de passe et la vitesse de coupe. À cause de l'augmentation de la profondeur de passe et de l'avance, la surface de la zone de contact outil-copeau augmente ce qui conduit à augmenter les composantes de l'effort de coupe. Cependant, l'effet de l'avance sur les efforts de coupe a été significatif pour des avances supérieures à 0,12 mm/tr, tandis qu'à des valeurs inférieures on constate un léger changement des efforts de coupe. Ces derniers étaient presque identiques pour l'intervalle des avances 0.08 - 0.12 mm/tr. La vitesse de coupe a une influence négative sur les composantes de l'effort de coupe (Fa, Fc et Fp). Son augmentation mène à des températures de coupe élevées, en particulier dans la zone de cisaillement et donc de l'affaiblissement de la matière de la pièce (réduction de la limite d'élasticité du matériau usiné), réduisant l'épaisseur du copeau et la longueur de contact outil copeau et par conséquent, l'effort de coupe montre une tendance à la baisse.

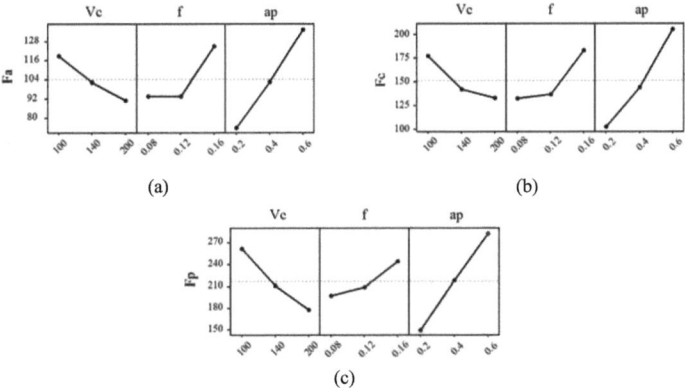

**Figure IV.6 :** Courbe des effets principaux :
moyennes des efforts (a) Fa, (b) Fc et (c) Fp.

Du tableau IV.4 (e), on peut voir que Vc, f, ap et les produits $Vc^2$ et Vc*f sont des termes significatifs sur la moyenne arithmétique absolue de la rugosité Ra. Le facteur le plus influant sur Ra est l'avance (f) avec une contribution de 64,09% de la variation totale ; Le facteur suivant est la vitesse de coupe Vc avec 23,99%.

Dans la figure IV.7, les effets principaux pour la rugosité de surface (Ra) sont représentés par les courbes. Il est clairement observé que l'avance affecte étroitement la rugosité de surface. L'avance a un effet croissant. Cela a été prévu ; car il est bien connu que théoriquement la rugosité de surface géométrique est essentiellement une fonction de l'avance pour un rayon donné du bec de l'outil et change avec le carré de la valeur de l'avance. La vitesse de coupe a un effet important et décroissant. La rugosité de surface est améliorée par l'augmentation de la vitesse de coupe, mais l'amélioration est très limitée à des vitesses de coupe élevées (140 - 200 m/min). La production d'un meilleur état de surface à une vitesse de coupe élevée est bien connue dans la coupe des métaux.

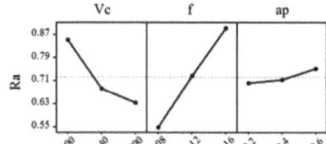

**Figure IV.7 :** Courbe des effets principaux : moyenne de la rugosité (Ra).

Les explications conventionnelles sont liées à la formation de l'arête rapportée. Autrement dit, ce phénomène est favorisé dans une certaine gamme de vitesses de coupe. En augmentant la vitesse de coupe au-delà de cet intervalle, l'arête rapportée est éliminée et, par conséquent, l'état de surface est amélioré. Au cours des expériences actuelles, où l'acier trempé a été usiné, les vitesses de coupe étaient plus élevées que celles favorisant la formation l'arête rapportée. En effet elle n'a pas été observée même à la plus petite vitesse de coupe (56,5 m/min). Par conséquent, ce phénomène a besoin de plus amples explications. Selon Liu **[LIU, 1979]**, Chen **[CHEN, 2000]** et Bouacha **[BOUACHA, 2010]**, la vitesse de déformation influe sur les propriétés des métaux. Plus la vitesse de coupe est élevée, moins est significatif le comportement plastique. L'écoulement latéral plastique du matériau de la pièce le long de la direction de l'arête de l'outil de coupe peut augmenter la hauteur entre les sommets et les creux des irrégularités de la surface. Si le matériau présente moins de plasticité en augmentant la vitesse de coupe et donc la vitesse de déformation, l'état de surface peut être amélioré en raison de l'écoulement plastique latéral moins sensible et donc moins d'augmentation supplémentaire de la hauteur sommets-creux de la rugosité de la surface usinée. En outre, à faible vitesses de coupe, des rainures sont développées sur la face d'usure de l'outil. Plus le développement des rainures est grand, plus importante est la dégradation de l'état de surface. Quand une telle arête de coupe est engagée dans la pièce à usiner, les défauts seront en partie copiés sur la surface nouvellement générée. En tout état de cause, il est probable que la surface sera rugueuse. Avec l'augmentation de la vitesse de coupe les rainures seront progressivement réduites, ainsi, l'arête et la face de l'usure de l'outil deviendront plus lisses, tout comme la surface de la pièce.

Pour la profondeur de passe (ap), l'influence est la plus petite et sa valeur de contribution est très basse 1,35%. Cela ne présente pas une importance statistique sur la rugosité de surface. Cependant, les faibles profondeurs de passe doivent être utilisées afin de réduire la tendance au bavardage. La profondeur de coupe (ap) a peu d'influence directe sur la rugosité de surface, mais, avec l'augmentation de (ap) et des valeurs du rayon du bec de l'outil au-dessus de (0,8 mm), les bavardages pourraient s'en suivre, causant la dégradation de la surface de la pièce. Par conséquent, si le système outil-pièce n'est pas très rigide, comme lors de l'usinage des pièces minces, les profondeurs de passe très fines doivent être utilisées pour éviter le bavardage. De cette façon, de très bonnes surfaces finies peuvent être obtenues.

Les tableaux IV.5 (a)-(e) représentent l'analyse ANOVA correspondant aux composantes de l'effort de coupe, à la rugosité de surface et à l'usure de l'outil en fonction des paramètres de coupe (Vc, f, ap) et le temps d'usinage (t). Ces tableaux montrent que les effets principaux de la vitesse de coupe (Vc), de l'avance (f), de la profondeur de passe (ap) et du temps d'usinage (t) sont tous significatifs pour la rugosité de surface, l'usure de l'outil et les composantes de l'effort de coupe. Toutefois, la profondeur de passe (ap) présente une basse signification statistique pour la rugosité de surface (Tableau IV.5 (e)).

D'après les tableaux IV.5 (a)-(d) on peut voir que le facteur le plus significatif sur les composantes de l'effort de coupe (Fa, Fc et Fp) et l'usure de l'outil de coupe est le temps avec, respectivement : 71,24%, 56,9%, 54,8% et 72,82% des contributions de la variation totale. La contribution importante suivante vient de la profondeur de passe (14,73%,

26,49% et 30,37%). Pour l'usure de l'outil (Tableau IV.5 (d)), la vitesse de coupe est à la deuxième place et compte 20,03% de l'évolution. D'après le tableau 6 (e), il peut se rendre compte que la vitesse de coupe expose une influence maximale sur la rugosité de surface (50,19%) par rapport à l'avance (29,43%) et le temps de coupe (10,35%).

Les courbes des effets des figures IV.8 (a)-(c) indiquent que les composantes de l'effort de coupe (Fa, Fc et Fp) sont sensiblement affectées par le temps de coupe et de la profondeur de passe.

Ces graphiques montrent que, l'augmentation du temps de coupe et de la profondeur de passe provoque l'augmentation des composantes de l'effort de coupe également. En effet, lorsque la profondeur de passe augmente, la surface de contact outil-copeau augmente ce qui conduit à accentuer les composants de l'effort de coupe. La vitesse de coupe a une influence négative sur la réduction des éléments suivants : Fa, Fc et Fp. L'augmentation de la vitesse de coupe conduit à une hausse de la température, et donc à l'adoucissement du matériau de la pièce et, par conséquent, la force de coupe présente une tendance décroissante. D'autre part avec l'augmentation de l'avance et de la profondeur de passe, l'effort de coupe augmente. Comme mentionné précédemment, l'effet de l'avance sur l'effort de coupe est significatif pour des avances supérieures à 0,12 mm/tr, alors que ce dernier n'a pas changé à des avances plus faibles. Les valeurs des efforts de coupe étaient presque identiques pour les avances entre 0.08 et 0.12 mm/tr. Cependant, l'effet de la vitesse de coupe sur les efforts de coupe a été significatif pour des vitesses de coupe inférieures à 140 m/min, tandis que les efforts de coupe n'ont pas changé à des vitesses de coupe plus élevées. Les valeurs des efforts de coupe étaient presque identiques pour les vitesses de coupe de 140 à 200 m/min.

Sur les figures IV.8 (d)-(e) sont présentés les effets principaux de la rugosité de surface et de l'usure de. Les courbes des effets principaux de la figure IV.8 (e) indiquent que l'usure de l'outil est sensiblement affectée par le temps d'usinage et la vitesse de coupe. Le temps d'usinage a un rôle important et une incidence croissante sur l'usure de l'outil avec la contribution de 72,82%, suivi par la vitesse de coupe (20,03%). Cependant, il est clairement observé que la vitesse de coupe affecte fortement la rugosité de surface (Figure IV.8 (d)). La rugosité de surface est améliorée en augmentant la vitesse de coupe. La production d'un meilleur état de surface à une vitesse de coupe plus élevée est bien connue dans la coupe des métaux.

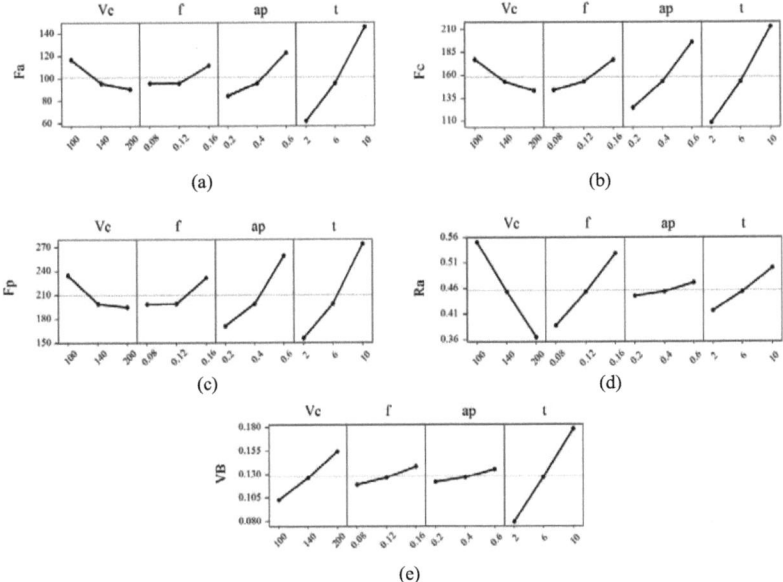

(a)

(b)

(c)

(d)

(e)

**Figure IV.8 :** Courbe des effets principaux :
(a) Fa, (b) Fc, (c) Fp, (d) Ra et (e) VB en fonction de Vc, f, ap et t.

La figure IV.8 (d) montre aussi que l'avance a un important effet croissant. Il fallait s'y attendre. Il est bien connu que la rugosité de la surface géométrique théorique est essentiellement fonction de l'avance pour un rayon donné du bec de l'outil et change avec le carré de la valeur de l'avance.

## C. Modèles quadratiques des réponses étudiées

L'analyse initiale des réponses obtenues par la technique des surfaces de réponse (RSM) inclut tous les paramètres et leurs interactions. Les modèles sont réduits en éliminant les termes n'ayant aucun effet significatif sur les réponses. Grâce au processus d'élimination backward, les modèles quadratiques obtenus de l'équation de réponse en fonction des facteurs réels sont présentés comme suit:

**i. Modèles des efforts de coupe, de la rugosité de surface et de la tenue de l'outil (seconde séries d'essais)**

$$Fa = 81.35 + 0.2904 \cdot Vc - 1235.4 \cdot f + 155.053 \cdot ap + 9641 \cdot f^2 - 4.6845 \cdot Vc \cdot f \qquad (2)$$
$R^2 = 96.8\%, \quad R^2 \text{ (ajus)} = 96.0\%$

$$Fc = 363.89 - 2.6529 \cdot Vc - 2488 \cdot f + 257.82 \cdot ap + 0.007361 \cdot Vc^2 + 12988 \cdot f^2 \qquad (3)$$
$R^2 = 91.8\%, \quad R^2 \text{ (ajus)} = 89.9\%$

$$Fp = 37434 - 2.4669 Vc - 17819 \cdot f + 36454 \cdot ap + 0.007219 Vc^2 + 7628 \cdot f^2 - 1.3324 \cdot Vc \cdot ap + 13639 \cdot f \cdot ap \qquad (4)$$
$R^2 = 97.9\%, \quad R^2 \text{ (ajus)} = 97.1\%$

$$Ra = 0.8469 - 0.010035 \cdot Vc + 7.0877 \cdot f + 0.125 \cdot ap + 0.000034 \cdot Vc^2 - 0.018969 \cdot Vc \cdot f \qquad (5)$$
$R^2 = 96.2\%, \quad R^2 \text{ (ajus)} = 95.3\%$

$$T = 131.799 - 0.84629 \, Vc - 144.21 \cdot f - 8.525 \cdot ap + 0.001703 \, Vc^2 + 0.3656 \, Vc \cdot f \qquad (6)$$
$R^2 = 99.3\%, \quad R^2 \text{ (ajus)} = 99.1\%$

**ii. Modèles des efforts de coupe, de la rugosité de surface et de l'usure de l'outil (troisième séries d'essais)**

$$Fa = 124.2 - 1.5626 \cdot Vc + 197.13 \cdot f + 47.81 \cdot ap + 7.2994 \cdot t + 7.865 \cdot ap \cdot t + 0.004338 \cdot Vc^2 \qquad (7)$$
$R^2 = 97.9\%, \quad R^2 \text{ (ajus)} = 97.2\%$

$$Fc = 134.57 - 1.656 \cdot Vc + 414.03 \cdot f + 91.47 \cdot ap + 7.279 \cdot t + 14.466 \cdot ap \cdot t + 0.004388 \cdot Vc^2 \qquad (8)$$
$R^2 = 98.3\%, \quad R^2 \text{ (ajus)} = 97.7\%$

$$Fp = 236.88 - 2.9224 \cdot Vc + 413.41 \cdot f + 170.11 \cdot ap + 11.45 \cdot t + 8.395 \cdot ap \cdot t + 0.008397 \cdot Vc^2 \qquad (9)$$
$R^2 = 97.8\%, \quad R^2 \text{ (ajus)} = 97.1\%$

$$Ra = 0.49604 - 0.003856 \cdot Vc + 1.7656 \cdot f + 0.06563 \cdot ap + 0.0325 \cdot t - 0.000147 \cdot Vc \cdot t + 0.00001 \cdot Vc^2 \qquad 10)$$
$R^2 = 97.1\%, \quad R^2 \text{ (ajus)} = 96.1\%$

$$VB = -0.026326 + 0.000262 \, Vc + 0.24375 \, f + 0.03375 \, ap + 0.006031 \, t + 0.000042 \, Vc \cdot t \qquad (11)$$
$R^2 = 99.2\%, \quad R^2 \text{ (ajus)} = 98.9\%$

Ces équations donnent la valeur attendue des efforts de coupe, de la durée de vie de l'outil et de la rugosité de surface pour toute combinaison des niveaux des facteurs, étant donné que les niveaux sont dans les fourchettes du tableau IV.1. Les valeurs de R² (91,8% - 99,3%) pour les équations de régression sont suffisamment élevées pour obtenir des estimations fiables.

## B. Graphes 3D des surfaces de réponses

La figure IV.9 (a) présente les influences de la vitesse de coupe (Vc) et de l'avance (f) sur les composantes de l'effort de coupe, tandis que la profondeur de passe (ap) est maintenue au niveau intermédiaire. La figure IV.9 (b) montre la surface de réponse estimée par rapport à la vitesse de coupe (Vc) et la profondeur de passe (ap), tandis que l'avance (f) est maintenue au niveau intermédiaire.

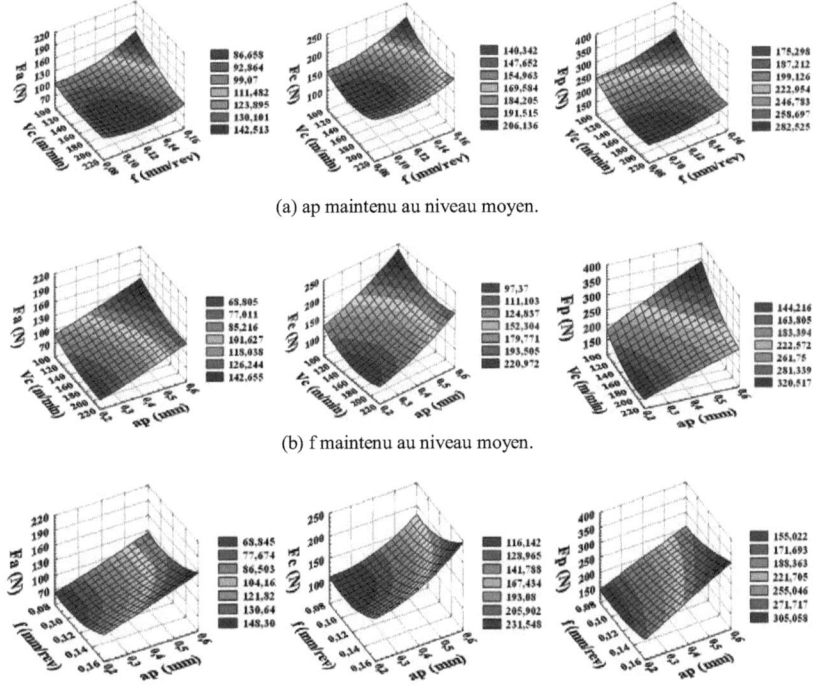

(a) ap maintenu au niveau moyen.

(b) f maintenu au niveau moyen.

(c) Vc maintenu au niveau moyen.

**Figure IV.9 :** Surfaces de réponse estimées : efforts de coupe en fonction de Vc, f et ap.

143

Les effets de l'avance (f) et de la profondeur de passe (ap) sur les composantes de l'effort de coupe sont présentés dans la figure IV.9 (c), tandis que la vitesse de coupe (Vc) est fixée à son niveau moyen.

Dans les figures IV.10 et IV.11, les surfaces de réponses estimées pour la rugosité de surface et la durée de vie de l'outil en fonction de la vitesse de coupe, l'avance et la profondeur de passe sont représentées. Pour chaque courbe 3D, les variables non représentées sont fixées à des valeurs constantes (celles des niveaux moyens). Ces courbes 3D confirment les notes observées durant l'analyse des effets principaux.

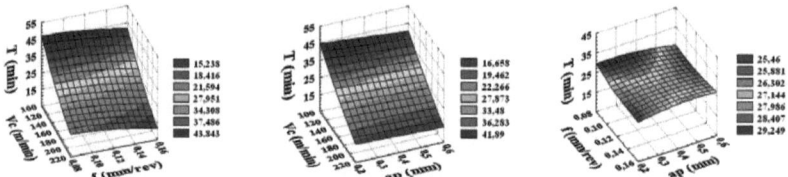

**Figure IV.10 :** Surfaces de réponse estimées : tenue de l'outil en fonction de Vc, f et ap.

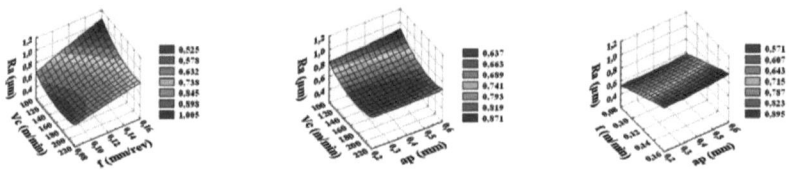

**Figure IV.11.** Surfaces de réponse estimées : rugosité de surface en fonction de Vc, f et ap.

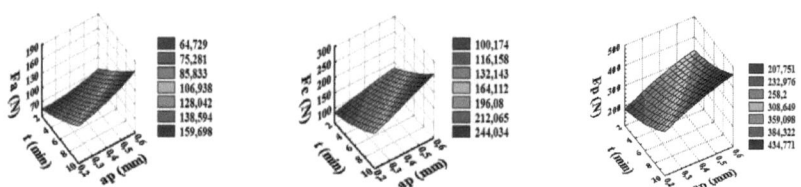

**Figure IV.12 :** Surfaces de réponse estimées : efforts de coupe en fonction de t et ap.

La figure IV.12 montre les surfaces de réponse estimées pour les composantes de l'effort de coupe (Fa, Fc et Fp) en en fonction du temps d'usinage (t) et de la profondeur de passe (ap), tandis que l'avance (f) et la vitesse de coupe (Vc) sont maintenues à leurs niveaux intermédiaires. Dans la figure IV.13, sont représentées les surfaces de réponse estimées pour la rugosité de surface et l'usure de l'outil en fonction du temps d'usinage (t) et la vitesse de coupe (Vc). Pour chaque courbe, les variables qui ne sont pas représentées (f, ap) sont maintenues à une valeur constante (niveau intermédiaire).

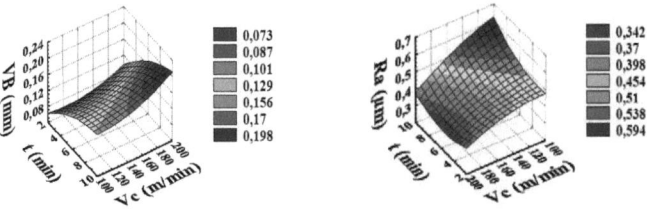

**Figure IV.13 :** Surfaces de réponse estimées : usure de l'outil et rugosité de surface en fonction de t et Vc.

### IV.2.4.2. Approche de modélisation par réseau de neurones

Le modèle neuronal adopté dans la démarche de modélisation de l'usure est le réseau de neurones multicouche avec l'algorithme de rétro-propagation (Figure IV.14).

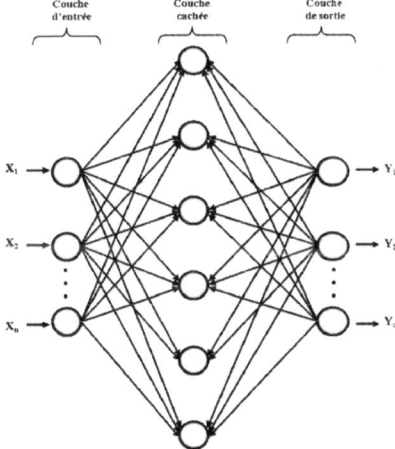

**Figure IV.14 :** Configuration du réseau de neurones multicouche pour prédire les réponses étudiées.

Ce réseau, appelé aussi **"réseau de type Perceptron"**, est considéré comme un système neuronal non linéaire statique, dans lequel, chaque neurone dans une couche est connecté à tous les neurones de la couche précédente et de la couche suivante (excepté pour les couches d'entrée et de sortie) et il n'y a pas de connexions entre les neurones d'une même couche.

L'information se propage de couche en couche sans que le retour en arrière soit possible. L'efficacité de ce modèle est représentée par sa capacité de prédire le comportement non linéaire des valeurs synthétisées et par sa rapidité au niveau de la vitesse de convergence. Jusqu'à présent, le problème qui reste le plus difficile à résoudre est celui de l'obtention de l'architecture adéquate du réseau, en d'autres mots la recherche des nombres optimaux de couches cachées et de neurones dans chaque couche, ainsi que le bon choix des valeurs initiales des poids de connexions du réseau. L'établissement du modèle de réseau adopté est réalisé en trois phases :

1. Phase d'apprentissage ;
2. Phase de Test ;
3. Phase de validation.

### IV.2.4.3. Apprentissage du réseau

Tous les modèles de réseaux de neurones requièrent un apprentissage. Plusieurs types d'apprentissages peuvent être adaptés à un même type de réseau de neurones. Les critères de choix sont souvent la rapidité de convergence ou les performances de généralisation. Le critère d'arrêt de l'apprentissage est souvent calculé à partir d'une fonction de coût, caractérisant l'écart entre les valeurs de sortie obtenues et les valeurs de références (réponses souhaitées pour chaque exemple présenté). La méthode d'apprentissage réservée à notre problème est celle d'apprentissage (par paquet) par l'algorithme de rétro-propagation de l'erreur. Le terme de rétro-propagation veut dire que le gradient est calculé pour des réseaux multicouches non linéaires. De nombreuses techniques existent, plus ou moins rapides, performantes et gourmandes en mémoire vive. L'apprentissage « par paquet » (batch training) du réseau consiste à ajuster les poids en présentant les vecteurs d'entrée/sortie de tout le jeu de données (méthode d'apprentissage dite « supervisée »). Dans le présent travail l'algorithme de rétro-propagation du gradient d'erreur associé à l'algorithme de Levenberg-Marquardt a été adopté comme un algorithme d'apprentissage.

### IV.2.4.4. Paramétrage du réseau de neurones

Malgré l'absence de relations qui nous aident à créer un réseau optimal, nous avons pu choisir les paramètres (nombre des couches cachées, nombre de neurones dans chaque couche, fonctions d'activation) convenables pour que notre réseau ait une performance acceptable.

### IV.2.4.5. Stratégie exploratoire et paramétrage du réseau de neurones

Pour obtenir une convergence rapide du réseau et une estimation précise, un paramétrage adéquat du réseau nécessite l'initialisation des poids (entre -1 et 1) et l'utilisation d'une fonction coût (erreur moyenne quadratique MSE). Pour faire, nous avons opté pour une erreur d'apprentissage et de test MSE =1 E-008 et un nombre d'itérations NB = 1000 itérations.

### IV.2.4.6. Validation et résultats de simulation

Une fois le réseau de neurones entraîné (après apprentissage), il est nécessaire de le valider sur une base de données différente de celles utilisées pour l'apprentissage. Cette validation permet à la fois d'apprécier les performances du système neuronal et de détecter le type de données qui pose problème. Si les performances ne sont pas satisfaisantes, il faudra soit modifier l'architecture du réseau, soit modifier la base d'apprentissage. L'évolution de fonction d'erreur pendant la phase d'apprentissage se visualise par l'intermédiaire d'un graphe dit graphe de performances. Ce dernier illustre la convergence du réseau de neurones par rapport à la base d'apprentissage et de validation.

### IV.2.4.7. Amélioration de la généralisation

Un problème qui apparaît lors d'un apprentissage est le problème du sur-apprentissage. Si le réseau de neurone apprend par cœur, il donnera de mauvais résultats quand on lui présentera des données un peu différentes. Des méthodes existent pour optimiser la phase d'apprentissage afin que le phénomène de sur ou sous apprentissage disparaisse. Afin d'améliorer la performance des réseaux neuronaux multicouches, il est préférable de normaliser les données d'entrée et de sortie de telle sorte qu'elles se trouvent dans l'intervalle [-1 1]. Cette normalisation empêche d'une part les neurones cachés d'avoir des poids identiques pendant l'apprentissage et d'autre part la saturation du réseau. Car si les poids de connexions du réseau initial étaient très élevés, les différents neurones du réseau se saturent après quelques itérations d'apprentissage et le réseau subira un blocage dans un minimum local ou dans une région aplatie de la surface d'erreur très proche du point de départ du réseau. Nous noterons qu'un réseau de neurones est jugé ''bon'' lorsque il généralise bien, en d'autres termes il doit avoir un pouvoir de généralisation élevé, c'est-à-dire lorsque nous passons à la phase de validation, l'erreur doit être acceptable avec un bon taux de réussite. Les valeurs utilisées pour le test et la validation sont différentes de celles présentées au réseau pour la phase d'apprentissage afin de vérifier le pouvoir de généralisation. Les valeurs du coefficient de corrélation sont utilisées comme indice de signification des modèles et d'ajustement de ces derniers.

|  | Fa | Fc | Fp | Ra | T |
|---|---|---|---|---|---|
|  | 72.016 | 110.489 | 162.055 | 0.6184 | 53.4700 |
|  | 96.858 | 130.013 | 223.956 | 0.6026 | 52.7978 |
|  | 129.584 | 206.205 | 315.425 | 0.6758 | 50.1396 |
|  | 76.246 | 115.868 | 182.855 | 0.8666 | 50.9000 |
|  | 100.838 | 139.299 | 249.127 | 0.8774 | 48.2976 |
|  | 140.430 | 212.511 | 329.947 | 0.9194 | 46.4890 |
|  | 125.117 | 168.545 | 205.343 | 0.9713 | 45.2767 |
|  | 151.918 | 202.497 | 286.727 | 1.0081 | 41.0970 |
| Apprentissage | 179.892 | 308.165 | 404.967 | 1.1441 | 42.1705 |
|  | 67.897 | 87.995 | 136.359 | 0.5438 | 36.5008 |
|  | 87.751 | 131.358 | 202.009 | 0.5372 | 35.1980 |
|  | 126.487 | 171.671 | 243.329 | 0.5476 | 32.5322 |
|  | 64.391 | 80.088 | 140.778 | 0.6667 | 34.7609 |
|  | 92.359 | 136.817 | 214.020 | 0.6822 | 32.9835 |
|  | 128.643 | 176.160 | 255.168 | 0.6696 | 30.6334 |
|  | 78.370 | 115.604 | 160.426 | 0.8796 | 31.3304 |
|  | 120.993 | 172.062 | 242.080 | 0.8951 | 29.0183 |
|  | 155.302 | 228.910 | 308.684 | 0.8743 | 25.7100 |
| R² | 99.68% | | | | |
|  | 53.712 | 71.838 | 110.050 | 0.4941 | 21.9934 |
|  | 88.514 | 121.218 | 180.573 | 0.5323 | 22.2319 |
|  | 114.503 | 171.327 | 218.100 | 0.5611 | 20.8176 |
|  | 52.422 | 83.212 | 122.351 | 0.6583 | 20.3131 |
| Test | 77.687 | 104.649 | 180.956 | 0.6278 | 19.4295 |
|  | 118.559 | 176.461 | 223.455 | 0.6106 | 18.7303 |
|  | 74.966 | 99.024 | 131.233 | 0.7403 | 16.4300 |
|  | 113.245 | 152.021 | 196.610 | 0.7481 | 15.1656 |
|  | 128.979 | 202.830 | 253.652 | 0.8113 | 13.4146 |
| R² | 98.97% | | | | |

**Tableau IV.6** : Résultats d'apprentissage et du test du ANN : Fa, Fc, Fp, Ra et T en fonction de Vc, f et ap.

Dans le premier modèle ANN, la vitesse de coupe (Vc), l'avance (f), et la profondeur de passe (ap) sont utilisées comme entrées au réseau de neurones. La couche d'entrée est constituées de trois neurones, la couche cachée comporte 10 neurones, tandis que la couche de sortie en compte 5 et qui représentent les valeurs prédites de la rugosité de surface, des composantes de l'effort de coupe (Fa, Fc et Fp) et de la durées de vie de l'outil (Tableau IV.6 ; Figure IV.15).

Dans le deuxième modèle ANN (Tableau IV.7, Figure IV.16), la vitesse de coupe (Vc), l'avance (f), la profondeur de passe (ap) et le temps d'usinage (t) correspondent aux neurones de la couche d'entrée (4 neurones), la couche cachée comporte 12 neurones tandis que la couche de sortie a 5 neurones (rugosité de surface, les composantes de l'effort de coupe (Fa, Fc et Fp) et l'usure de l'outil.

La totalité des données est divisée en deux ensembles : le premier pour l'apprentissage et le second pour le test. L'apprentissage des réseaux de neurones se fait à l'aide de l'ensemble des données d'apprentissage, tandis que leur capacité de généralisation est examinée en utilisant l'ensemble des données de test. Les données d'apprentissage ne doivent jamais être utilisées en tant que données de test. Le premier modèle de réseau de neurones, la taille des vecteurs : Entrée/Sortie est dimensionnée en fonction de la combinaison : Apprentissage/Validation, fournissant : 20/7 exemples, le second modèle du réseau de neurones artificiel (ANN) fournissant : 14/10 exemples.

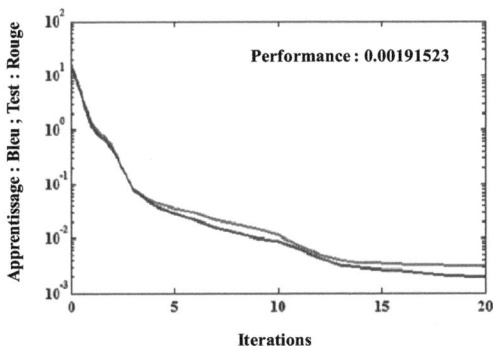

**Figure IV.15 :** Résultats de l'apprentissage et du test du ANN : Fa, Fc, Fp, Ra et T en fonction de Vc, f et ap.

| | Fa | Fc | Fp | VB | Ra |
|---|---|---|---|---|---|
| | 48.290 | 78.539 | 118.921 | 0.0490 | 0.3779 |
| | 27.837 | 53.419 | 88.194 | 0.0802 | 0.2727 |
| | 73.013 | 120.788 | 165.194 | 0.0666 | 0.5467 |
| | 39.787 | 79.116 | 115.285 | 0.1009 | 0.3896 |
| | 76.650 | 130.682 | 184.910 | 0.0574 | 0.4077 |
| | 57.752 | 110.233 | 160.239 | 0.0896 | 0.3055 |
| Apprentissage | 99.159 | 170.664 | 227.846 | 0.0747 | 0.5916 |
| | 67.944 | 133.346 | 183.613 | 0.1107 | 0.4319 |
| | 127.440 | 180.293 | 231.954 | 0.1230 | 0.5614 |
| | 95.860 | 131.905 | 173.452 | 0.1876 | 0.2906 |
| | 140.272 | 205.189 | 258.238 | 0.1437 | 0.6659 |
| | 117.836 | 171.005 | 215.332 | 0.2153 | 0.4437 |
| | 176.300 | 265.072 | 339.742 | 0.1439 | 0.5639 |
| | 149.594 | 226.290 | 293.239 | 0.2099 | 0.3046 |
| R² | 99.33% | | | | |
| | 183.309 | 283.347 | 357.712 | 0.1589 | 0.6866 |
| | 166.274 | 258.500 | 326.537 | 0.2320 | 0.4702 |
| | 97.658 | 149.877 | 198.386 | 0.1280 | 0.4561 |
| | 97.658 | 149.877 | 198.386 | 0.1280 | 0.4561 |
| Test | 97.658 | 149.877 | 198.386 | 0.1280 | 0.4561 |
| | 97.658 | 149.877 | 198.386 | 0.1280 | 0.4561 |
| | 97.658 | 149.877 | 198.386 | 0.1280 | 0.4561 |
| | 97.658 | 149.877 | 198.386 | 0.1280 | 0.4561 |
| | 97.658 | 149.877 | 198.386 | 0.1280 | 0.4561 |
| | 97.658 | 149.877 | 198.386 | 0.1280 | 0.4561 |
| R² | 98.71% | | | | |

**Tableau IV.7 :** Résultats d'apprentissage et du test du ANN : Fa, Fc, Fp, Ra et VB
en fonction de Vc, f, ap et t.

Les coefficients de détermination $R^2$ du premier et du deuxième modèle de réseau neuronal pour les données d'apprentissage sont les suivants: 99,68% et 99,33%, respectivement.

La figure IV.15 illustre les résultats de l'apprentissage et du test de ANN pour les composantes de l'effort de coupe, la durée de vie de l'outil et de la rugosité de surface en par rapport aux itérations.

Il est clair d'après les figures IV.15 et IV.16 qu'il existe un bon accord entre la prédiction du réseau et les données expérimentales, ce qui est confirmé par le coefficient de détermination ($R^2 > 99\%$). Les valeurs des erreurs quadratiques moyennes (0,00344234 et 0,00191523) signifient pratiquement que les modèles peuvent rappeler les données d'apprentissage avec un minimum d'erreur.

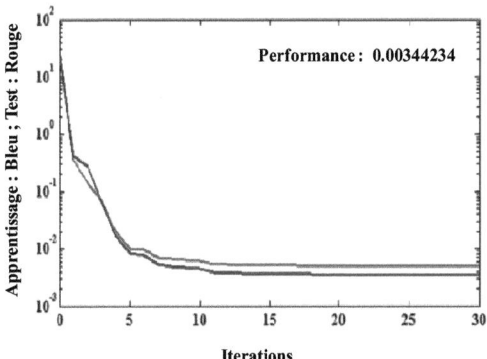

**Figure IV.16 :** Résultats d'apprentissage et du test du ANN : Fa, Fc, Fp, Ra et VB
en fonction de Vc, f, ap et t.

## IV.2.5. Comparaison entre les résultats expérimentaux et ceux prédits

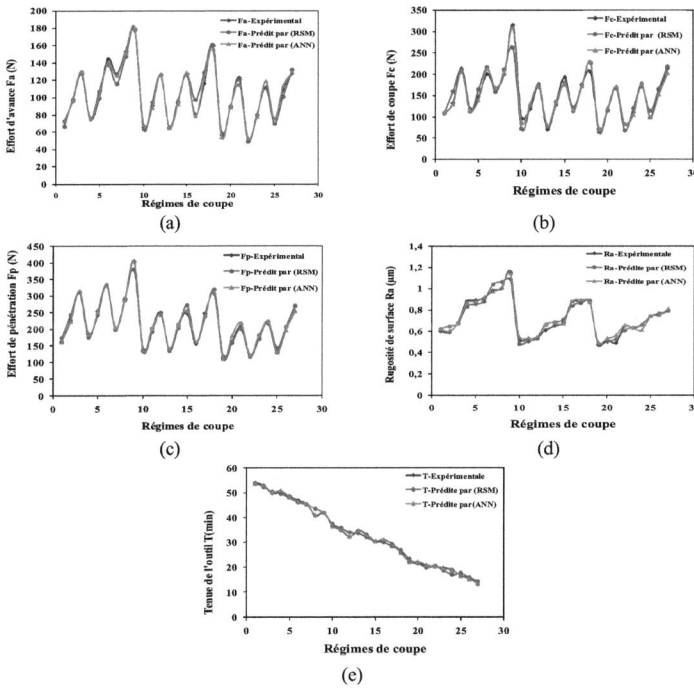

**Figure IV.17 :** Valeurs réelles et prédites : (a) Fa, (b) Fc, (c) Fp, (d) Ra et (e) T
en fonction de *Vc, f, ap*.

151

Les figures IV.17 et IV.18 montrent les valeurs des composantes de l'effort de coupe (Fa, Fc et Fp), la rugosité de surface (Ra), l'usure de l'outil (VB) et la tenue de l'outil (T) obtenues par l'expérimentation et celles prédites par les surfaces de réponse et les modèles des réseaux neuronaux artificiels. Il est évident que les valeurs prédites sont très proches des valeurs expérimentales.

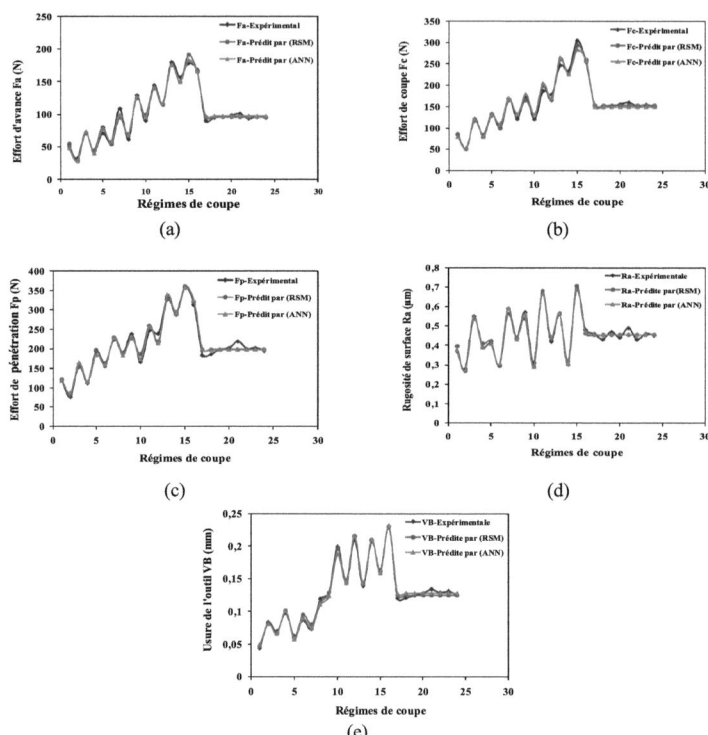

**Figure IV.18 :** Valeurs réelles et prédites : (a) Fa, (b) Fc, (c) Fp, (d) Ra et (e) VB en fonction de : *Vc, f, ap et t.*

## IV.2.6. Optimisation des réponses

L'un des principaux objectifs de l'expérience est d'aider à rechercher les valeurs optimales des paramètres de coupe afin d'obtenir les valeurs souhaitées des variables dépendantes (réponses) pendant le processus de tournage dur.

L'utilisation de l'optimisation par les surfaces de réponse permet d'identifier la meilleure combinaison des conditions de coupe qui optimisent les réponses étudiées simultanément en tournage dur.

| Paramètres | Objectifs | Combinaison optimum | | | Inférieur | Cible | Supérieur | Réponse prédite | Désirabilité |
|---|---|---|---|---|---|---|---|---|---|
| | | Vc (m/min) | f (mm/tr) | ap (mm) | | | | | |
| Fa (N) | Minimum | 200 | 0.08 | 0.2 | 50.875 | 62 | 179.014 | 60.680 | 1 |
| Fc (N) | Minimum | 200 | 0.08 | 0.2 | 70.628 | 85 | 314.496 | 84.612 | 1 |
| Fp (N) | Minimum | 200 | 0.08 | 0.2 | 111.177 | 130 | 403.842 | 121.828 | 1 |
| Ra (μm) | Minimum | 200 | 0.08 | 0.2 | 0.47 | 0.5 | 1.15 | 0.530 | 1 |
| T (min) | Maximum | 200 | 0.08 | 0.2 | 13.2 | 35 | 35 | 22.191 | 1 |
| Désirabilité composée = 1 | | | | | | | | | |

**Tableau IV.8 :** Optimisation des réponses: Fa, Fc, Fp, Ra et T.

Le tableau IV.8 montre les résultats de l'optimisation par RSM pour les composantes de l'effort de coupe, la durée de vie de l'outil et la rugosité de surface. Les paramètres de coupe optimaux obtenus dans le tableau IV.8 sont la vitesse de coupe de 200 m/min, l'avance de 0,08 mm/tr et une profondeur de passe de 0,2mm. Les composantes de l'effort de coupe optimisées sont Fa = 60,680N, Fc = 84,612N et Fp = 121,828N. En outre, la tenue de l'outil et la rugosité de surface optimisées sont T = 22,191min et Ra = 0,53μm.

| Paramètres | Objectifs | Combinaison optimum | | | | Inférieur | Cible | Supérieur | Réponse prédite | Désirabilité |
|---|---|---|---|---|---|---|---|---|---|---|
| | | Vc (m/min) | f (mm/tr) | ap (mm) | t (min) | | | | | |
| Fa (N) | Minimum | 200 | 0.08 | 0.2 | 2 | 32.227 | 50 | 179.861 | 28.279 | 1 |
| Fc (N) | Minimum | 200 | 0.08 | 0.2 | 2 | 50.61 | 80 | 304.232 | 50.649 | 1 |
| Fp (N) | Minimum | 200 | 0.08 | 0.2 | 2 | 76.744 | 120 | 359.312 | 81.636 | 1 |
| VB (mm) | Minimum | 200 | 0.08 | 0.2 | 2 | 0.043 | 0.085 | 0.231 | 0.081 | 1 |
| Ra (μm) | Minimum | 200 | 0.08 | 0.2 | 2 | 0.28 | 0.29 | 0.69 | 0.270 | 1 |
| Désirabilité composée = 1 | | | | | | | | | | |

**Tableau IV.9 :** Optimisation des réponses: Fa, Fc, Fp, Ra et VB.

Le tableau IV.9 présente les résultats de l'optimisation par RSM pour les composantes de l'effort de coupe, l'usure de l'outil et la rugosité de surface. Les paramètres de coupe optimaux obtenus dans le tableau IV.9 se trouvent à la vitesse de coupe de 200 m/min, l'avance de 0,08 mm/tr, la profondeur de passe de 0,2 mm et le temps d'usinage de 2 min. Les valeurs optimisées des composantes de l'effort de coupe, de l'usure d'outil et de la rugosité de surface sont Fa = 28.279N, Fc = 50.649N, Fp = 81.636N, VB = 0.081mm et Ra = 0.270µm, respectivement.

## IV.2.7. Comparaison des modèles RSM et ANN

| | | | $R^2$ | AE | | | MSE | MAPE |
|---|---|---|---|---|---|---|---|---|
| | | | | Min | Max | Moyenne | | |
| RSM | | Fa | 96.8 | 0.209 | 17.485 | 4.026 | 34.162 | 4.153 |
| | | Fc | 91.8 | 0.367 | 53.094 | 10.982 | 102.197 | 7.738 |
| | | Fp | 97.9 | 0.124 | 24.108 | 7.858 | 102.197 | 3.815 |
| | | Ra | 96.2 | 0.00009 | 0.06404 | 0.028 | 0.001 | 3.857 |
| | | T | 99.3 | 0.1067 | 2.7886 | 0.839 | 1.059 | 3.030 |
| ANN | Fa | Apprentissage | 99.68 | 0.3550 | 4.8900 | 2.0083 | 5.7146 | 1.8660 |
| | | Test | 98.97 | 0.3110 | 7.9120 | 2.9487 | 15.4101 | 3.0602 |
| | Fc | Apprentissage | 99.68 | 0.8580 | 23.3990 | 6.9688 | 83.3774 | 4.7238 |
| | | Test | 98.97 | 0.1220 | 10.1830 | 4.1052 | 30.2210 | 2.7263 |
| | Fp | Apprentissage | 99.68 | 0.4810 | 7.4980 | 3.2421 | 14.6743 | 1.4437 |
| | | Test | 98.97 | 0.3930 | 18.4740 | 6.9796 | 89.2250 | 3.5547 |
| | Ra | Apprentissage | 99.68 | 0.0004 | 0.0567 | 0.0146 | 0.0004 | 2.1501 |
| | | Test | 98.97 | 0.0003 | 0.0711 | 0.0212 | 0.0010 | 3.7894 |
| | T | Apprentissage | 99.68 | 0.0934 | 0.6400 | 0.2815 | 0.1040 | 0.7011 |
| | | Test | 98.97 | 0.0100 | 0.7919 | 0.2465 | 0.1271 | 1.3580 |

Tableau IV.10 : Comparaison des modèles RSM et ANN : Fa, Fc, Fp, Ra et T
en fonction de Vc, f, ap.

Les tableaux IV.10 et IV.11 montrent les résultats de la comparaison en fonction des valeurs de précision des modèles RSM et RNA. Les résultats sont généralement jugés proches des données directement mesurées pour toutes les méthodes. Ainsi, les modèles proposés peuvent être utilisés efficacement pour prédire les réponses en tournage dur. Cependant, comme on peut le voir à partir du critère de performance dans les tableaux IV.10 et IV.11, le modèle ANN est très réussi à l'étape d'apprentissage et il est assez bon dans les données de test. De manière explicite, l'ANN produit de meilleurs résultats par rapport à RSM.

| | | | R² | AE | | | MSE | MAPE |
|---|---|---|---|---|---|---|---|---|
| | | | | Min | Max | Moyenne | | |
| RSM | | Fa | 97.9 | 0.5450 | 13.4250 | 4.5989 | 34.2178 | 5.1987 |
| | | Fc | 98.3 | 0.0390 | 13.7610 | 6.0972 | 55.4221 | 3.8863 |
| | | Fp | 97.8 | 0.1080 | 20.8620 | 7.3096 | 91.9411 | 3.7098 |
| | | Ra | 97.1 | 0.0037 | 0.0363 | 0.0158 | 0.0003 | 3.6132 |
| | | VB | 99.2 | 0.0005 | 0.0095 | 0.0036 | 0.00002 | 3.3742 |
| ANN | Fa | Apprentissage | 99.33 | 0.2480 | 6.1070 | 2.5501 | 23.4820 | 5.1881 |
| | | Test | 98.71 | 0.6610 | 8.4220 | 2.3043 | 12.7915 | 2.8235 |
| | Fc | Apprentissage | 99.33 | 0.1200 | 14.3100 | 4.8174 | 82.0292 | 4.6709 |
| | | Test | 98.71 | 1.1000 | 10.2120 | 3.9456 | 63.5785 | 2.7023 |
| | Fp | Apprentissage | 99.33 | 0.5760 | 13.2190 | 6.0199 | 82.0488 | 3.9836 |
| | | Test | 98.71 | 0.4430 | 5.1680 | 1.2695 | 101.8067 | 3.5824 |
| | Ra | Apprentissage | 99.33 | 0.0011 | 0.0279 | 0.0125 | 0.0001 | 1.8716 |
| | | Test | 98.71 | 0.0024 | 0.0197 | 0.0047 | 0.0003 | 3.1260 |
| | VB | Apprentissage | 99.33 | 0.00003 | 0.0088 | 0.0029 | 0.00003 | 4.3791 |
| | | Test | 98.71 | 0.0024 | 0.0035 | 0.0033 | 0.00002 | 2.7743 |

**Tableau IV.11 :** Comparaison des modèles RSM et ANN : Fa, Fc, Fp, Ra et VB en fonction de Vc, f, ap, t.

## CHAPITRE V : Classification de l'usure par un modèle neuronal à architecture optimisée.

## V.1. Différentes architectures de réseaux de neurones et méthodes d'apprentissage

Les réseaux de neurones ont été utilisés et implémentés dans des systèmes de surveillance (supervision) des états des machines par l'application des différents types et architectures populaires dont plusieurs méthodes d'apprentissage ont été employées. En effet, l'architecture la plus utilisée est celle des réseaux de neurones de type perceptron multicouches (MLP). D'autres types de réseaux de neurones sont utilisés, y compris des architectures moins bien connues telles que les réseaux de type "énergie de coulomb restreinte (RCE)", les fonctions à base radiales (RBF) et les réseaux de type Condensed Nearest-Neighbour Network.

Dans plusieurs cas, en utilisant différentes configurations de MLP dans la même expérience, certains chercheurs ont procédé à la vérification du nombre le plus approprié de neurones cachés nécessaire pour l'obtention d'un système optimal. Pour ce cas précis l'outil est considéré comme une pièce intégrante dans la machine d'essai (tour).

## V.2. Méthodes de traitement des signaux

La nature bruyante des signaux issus d'un des machines implique l'extraction des caractéristiques utiles de tels signaux "contaminés". Pendant la phase de traitement des signaux, des caractéristiques sont générées et choisies par une approche d'erreurs en se basant sur certaines considérations physiques. Habituellement, les premières transformations sont obtenues par l'application de la transformée de Fourier (ou des transformations en ondelettes). Cependant, il est parfois nécessaire, en raison de la dimension élevée du vecteur de mesure, de réduire le vecteur transformé par l'exécution d'un procédé de sélection de caractéristiques. Ces caractéristiques contiennent normalement les composants des données ayant un maximum de sensibilité aux défauts des machines. L'approche peut être structurée sur un plan composé de plusieurs niveaux de traitement. La transformation à chaque niveau est arbitrairement choisie, la seule limite étant le temps requis pour calculer la caractéristique exigée pour décrire les défauts des machines à partir des signaux de sonde. Le choix des caractéristiques pour des applications de réseau de neurones dépendrait de la topologie du réseau. Généralement, le traitement des signaux comprend deux phases, à savoir, extraction et traitement des caractéristiques des domaines temporel et fréquentiel pour chaque signal choisi.

## V.3. Synthèse des méthodes présentées

Il est évident que les réseaux de neurones offrent l'opportunité de remplacer l'opérateur humain, qui peut être subjectif et relativement imprécis, quant à la prise de décision sur l'état des outils de coupe vis-à-vis l'usure. La classification et la prédiction de l'état des outils de coupe par un système de surveillance avec des données d'entrées à partir d'une ou plusieurs sondes, ont été peu abordées en littérature. Il est apparu distinctement qu'une grande performance par application des réseaux de neurones basés sur les informations combinées a été atteinte.

Généralement, les réseaux de neurones permettent de supprimer le bruit car la perte de sensibilité sur une seule sonde peut être compensée par d'autres. Au même temps, la quantité maximale d'informations concernant l'état de l'outil est potentiellement meilleure, si elle est obtenue à partir des entrées d'un signal multisondes, dont chaque entrée contribue avec un degré variable. Ceci augmente l'exactitude de la prévision ou la détection du système, couvrant de ce fait une plus large gamme de conditions de fonctionnement. Les réseaux de neurones sont particulièrement appropriés aux systèmes de surveillance parce qu'ils peuvent apprendre des rapports non linéaires. Les évaluations des paramètres entre l'information à base de capteur et le défaut sont meilleures par les réseaux de neurones basés sur la statistique, telle que la reconnaissance de formes, avec une plus grande sensibilité aux erreurs déterministes accompagnant l'information captée. Souvent, il s'avère que l'analyse du spectre de fréquence révèle plus sur l'état du bien par la détermination des fréquences sensibles au défaut.

Généralement, les systèmes de surveillance à base de réseaux neurones pourraient être considérés comme un problème à deux niveaux, composé d'une phase initial d'entraînement (phase d'apprentissage) et d'une autre phase d'exécution (phase de test).

## V.4. Objectif fixé

L'objectif de cette partie du travail consiste à proposer et implémenter une approche pour le développement d'un système de surveillance et de diagnostic de l'usure des outils de coupe basé sur un modèle neuronal à architecture optimisée par rapport aux : nombre de couches cachées, nombre de neurones dans chaque couche cachée, fonctions d'activations utilisées et type d'algorithme d'apprentissage. Ces facteurs sont utilisés d'une part, comme des entrées pour la démarche d'optimisation. D'autre part, les coefficients de corrélation ainsi que l'erreur quadratique moyenne (MSE) sont exploités et utilisés comme des sorties.

## V.5. Architecture générale du concept de surveillance mis en œuvre

Ce système comporte deux phases principales : la première phase « *phase d'acquisition* » des données qui sont sous forme de signaux, prélevés au cours des opérations de surveillances et de diagnostiques. Tandis que la seconde phase *« phase de décision »* concerne le traitement par réseaux de neurones (classification de l'usure). Dans ce qui suit, ces deux phases constituant le système de surveillance proposé seront développées en détail.

### V.5.1. Phase I : Acquisition des données

Les signaux utilisés dans le présent travail sont des signaux descriptifs de l'état de l'outil de coupe dans les deux directions : radiale et tangentielle. Le choix du type de capteur à utiliser pour la mesure des signaux et leurs emplacements sur la machine ne seront pas discutés.

### V.5.2. Phase II : Mise en œuvre d'un modèle de réseaux de neurones

Cette phase est l'étape de décision. À travers le résultat obtenu par le réseau de neurones, nous déterminerons l'état de l'outil de coupe. La surveillance de l'usure par réseaux de neurones implique trois étapes majeures :
• L'apprentissage du réseau de neurones, dont l'objectif est d'apprendre le processus (pour différents seuil d'usure) par l'accouplement des entrées et des sorties désirées. Cette étape n'exclu pas le choix des paramètres

propres au réseau de neurones lui même. Choisir adéquatement ces paramètres, c'est permettre au réseau de converger rapidement (temps d'apprentissage minime) et d'avoir une bonne classification et détection de l'usure de l'outil de coupe.

• Le test du réseau de neurones (évaluation), dont l'objectif est d'estimer l'exactitude du modèle proposé pour des évènements qui n'ont pas été présentés lors de la phase d'apprentissage (pouvoir de généralisation).

• Mettre en application le réseau pour la surveillance en ligne du processus de coupe (cette étape est l'un de nos perspectives primordiales).

## V.6. Développement d'un modèle neuronal de classification

### V.6.1. Type de modèle de réseau de neurones

Le modèle neuronal adopté dans cette démarche de mise au point d'un système de surveillance, est celui multicouche de type Feed-forward avec un algorithme de rétro-propagation. Ces réseaux, appelés aussi "**réseaux de type Perceptron**", sont considérés comme des systèmes neuronaux statiques non linéaires, dans lesquels, chaque neurone dans une couche est connecté à tous les neurones de la couche précédente et de la couche suivante (excepté pour les couches d'entrée et de sortie) et il n'y a pas de connexions entre les neurones d'une même couche. L'information se propage de couche en couche sans que le retour en arrière ne soit possible (Figure V.1). L'efficacité de ce modèle est représentée par sa capacité à prédire le comportement non linéaire des valeurs synthétisées et par sa rapidité au niveau de la vitesse de convergence. En effet, l'emploi des réseaux de neurones pour l'approximation des fonctions peut se justifier par les arguments suivants :
– Simplicité de mise en œuvre (peu d'analyse mathématique préliminaire).
– Capacité d'approximation universelle prouvée.
– Possibilité de prendre le point de vue "processus = boîte noire".
– Robustesse par rapport à des défaillances internes du réseau.
– Capacité d'adaptation aux conditions imposées par un environnement quelconque.

– Facilité de rechanger ses paramètres (poids, nombre de neurones dans les couches cachées, nombre de couches cachées…) lors d'une modification possible dans cet environnement.

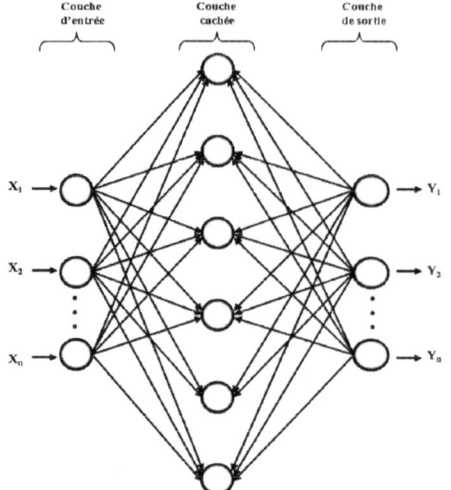

**Figure V.1 :** Configuration du réseau de neurones multicouche
(Feed-forward) utilisé pour prédire l'usure.

Jusqu'à présent, le problème qui reste le plus difficile à résoudre est le problème de l'obtention de l'architecture adéquate du réseau, en d'autres mots le souci est de trouver les nombres optimaux de couches cachées et de neurones dans chaque couche, ainsi que le bon choix des valeurs initiales des poids de connexions du réseau.

L'établissement du modèle de réseau adopté est réalisé en trois phases: Apprentissage, test et validation. Actuellement la phase de test et de validation sont considérées comme une seule phase à savoir : phase de validation.

## V.6.2. Données d'entrées du réseau

Les entrées utilisées pour alimenter le réseau de neurones sont des indicateurs de type temporel liés directement aux signaux segmentés (8 segments à un pas de 100 points en chevauchement), à savoir :

| Essai | Fa (N) | Ft (N) | Fp (N) | VB (mm) |
|---|---|---|---|---|
| **Régime 1** | | | | |
| P 1 | 104.539 | 178.246 | 284.231 | 0.091 |
| P 2 | 90.693 | 163.839 | 248.566 | 0.181 |
| P 3 | 84.267 | 152.429 | 239.826 | 0.239 |
| P 4 | 141.012 | 279.567 | 379.511 | 0.305 |
| **Régime2** | | | | |
| P 1 | 124.199 | 222.11 | 347.628 | 0.177 |
| P 2 | 118.044 | 218.739 | 352.258 | 0.244 |
| P 3 | 196.217 | 329.271 | 463.988 | 0.302 |
| **Régime 3** | | | | |
| P 1 | 113.9 | 202.618 | 346.478 | 0.121 |
| P 2 | 149.349 | 255.511 | 431.062 | 0.183 |
| P 3 | 156.585 | 260.868 | 437.695 | 0.236 |
| P 4 | 197.54 | 292.598 | 479.245 | 0.297 |
| P 5 | 231.122 | 387.457 | 525.669 | 0.334 |
| **Régime 4** | | | | |
| P 1 | 83.961 | 152.001 | 265.97 | 0.118 |
| P 2 | 91.863 | 168.635 | 245.02 | 0.162 |
| P 3 | 103.617 | 184.242 | 286.021 | 0.241 |
| P 4 | 148.851 | 270.32 | 360.995 | 0.296 |
| **Régime 5** | | | | |
| P 1 | 135.775 | 226.567 | 324.911 | 0.091 |
| P 2 | 112.906 | 209.154 | 263.501 | 0.183 |
| P 3 | 123.467 | 207.226 | 324.969 | 0.239 |
| P 4 | 135.393 | 246.586 | 337.687 | 0.295 |
| P 5 | 169.07 | 319.533 | 410.822 | 0.314 |
| **Régime 6** | | | | |
| P 1 | 65.669 | 116.937 | 207.835 | 0.119 |
| P 2 | 73.936 | 157.736 | 243.963 | 0.161 |
| P 3 | 72.504 | 137.745 | 224.321 | 0.181 |
| P 4 | 97.309 | 165.997 | 213.036 | 0.244 |
| P 5 | 147.073 | 270.533 | 351.825 | 0.303 |
| **Régime 7** | | | | |
| P 1 | 87.143 | 157.709 | 210.707 | 0.112 |
| P 2 | 94.933 | 169.249 | 237.804 | 0.178 |
| P 3 | 189.815 | 260.594 | 358.537 | 0.244 |
| P 4 | 111.122 | 165.663 | 249.951 | 0.317 |
| **Régime 8** | | | | |
| P 1 | 51.486 | 110.486 | 194.428 | 0.09 |
| P 2 | 59.706 | 108.988 | 188.844 | 0.157 |
| P 3 | 65.793 | 128.521 | 207.457 | 0.239 |
| P 4 | 128.277 | 196.533 | 266.533 | 0.298 |
| **Régime 9** | | | | |
| P 1 | 61.396 | 120.203 | 190.816 | 0.089 |
| P 2 | 98.033 | 157.932 | 237.932 | 0.169 |
| P 3 | 108.277 | 186.533 | 258.533 | 0.241 |
| P 4 | 176.35 | 236.405 | 307.079 | 0.310 |

**Tableau V.1 :** Résultats des efforts de coupe et l'usure VB des outils CBN.

énergie, coefficient du Kurtosis, puissance, valeur crête, facteur de crête et valeur efficace (RMS) ainsi que les trois composantes de l'effort de coupe (Fc, Fp et Fa) (Tableau V.1).

Les sorties désirées correspondent aux seuils d'usure en dépouille (intervalle de tolérance IT = ±2%) codifiées (code : 0 ou 1). La codification de ces seuils est présentée sur le tableau V.2 (la matrice globale de codification est énorme et ne peut être présentée dans ce manuscrit).

| VB | Codification des valeurs d'usure VB | | | | | | | |
|----|----|----|----|----|----|----|----|----|
| 0.09 | 1 | 0 | 0 | 0 | 0 | 0 | 0 | 0 |
| 0.12 | 0 | 1 | 0 | 0 | 0 | 0 | 0 | 0 |
| 0.16 | 0 | 0 | 1 | 0 | 0 | 0 | 0 | 0 |
| 0.18 | 0 | 0 | 0 | 1 | 0 | 0 | 0 | 0 |
| 0.24 | 0 | 0 | 0 | 0 | 1 | 0 | 0 | 0 |
| 0.3 | 0 | 0 | 0 | 0 | 0 | 1 | 0 | 0 |
| 0.32 | 0 | 0 | 0 | 0 | 0 | 0 | 1 | 0 |
| 0.35 | 0 | 0 | 0 | 0 | 0 | 0 | 0 | 1 |

**Tableau V.2 :** Codification des seuils d'usure (sortie du réseau de neurones).

## V.6.3. Apprentissage du réseau

Tous les modèles de réseaux de neurones requièrent un apprentissage. Plusieurs types d'apprentissages peuvent être adaptés à un même type de réseau de neurones. Les critères de choix sont souvent la rapidité de convergence ou les performances de généralisation.

Le critère d'arrêt de l'apprentissage est souvent calculé à partir d'une fonction de coût, caractérisant l'écart entre les valeurs de sortie obtenues et les valeurs de références (réponses souhaitées pour chaque exemple présenté). La méthode d'apprentissage réservée à notre problème est celle d'apprentissage (par paquet) par l'algorithme de rétropropagation de l'erreur. Le terme de rétro propagation veut dire que le gradient est calculé pour des réseaux multicouches non linéaires. De nombreuses techniques existent, plus ou moins rapides, performantes et gourmandes en mémoire vive. L'apprentissage « par paquet » (batch training) du réseau consiste à ajuster les poids et les biais en présentant des vecteurs d'entrée/sortie de tout le jeu de données (méthode d'apprentissage dite « supervisée »). Deux types d'algorithmes sont pris en compte dans le présent travail pour l'apprentissage du réseau de neurones en l'occurrence :

1. Algorithme de rétropropagation du gradient d'erreur avec 'momentum' ;
2. Algorithme de rétropropagation du gradient d'erreur associé à l'algorithme de Levenberg-Marquardt.

Le choix rationnel de l'algorithme le plus robuste s'effectue tout en confrontant les résultats de ces deux algorithmes.

## V.6.4. Paramétrage du réseau de neurones

Malgré l'absence de relations qui nous aident à créer un réseau à architecture optimale, nous avons pu choisir, à travers une approche d'optimisation, les paramètres (nombre des couches cachées, nombre de neurones dans chaque couche, fonctions d'activation,…) convenables pour que notre réseau ait une performance acceptable :

### a. Nombre de couches cachées

Un réseau neuronal multicouche avec au moins une seule couche cachée peut modéliser arbitrairement une relation non linéaire complexe.

### b. Nombre de neurones cachés

Le nombre de neurones dans la couche cachée détermine la structure de notre réseau. Un grand nombre de neurones est nécessaire pour modéliser une relation complexe (relation entrée-sortie). Mais dans certains cas, trop de neurones entraînent un sur-apprentissage du réseau, et ce réseau tentera de mémoriser des informations au lieu de généraliser.

### c. Fonction d'activation

Les fonctions d'activation ont un impact remarquable sur le perfectionnement du modèle neuronale vis-à-vis sa complexité.

## V.6.5. Stratégie d'exploration et de paramétrage du réseau de neurones

Pour obtenir une convergence rapide du réseau et une estimation précise, un paramétrage adéquat du réseau nécessite l'initialisation des poids (entre -1 et 1) et l'utilisation d'une fonction coût (erreur moyenne quadratique MSE). Pour faire, on a opté pour une erreur d'apprentissage et de test MSE $= 10^{-10}$ et un nombre d'itérations NB $= 1000$ itérations.

La taille des vecteurs : Entrée/Sortie est dimensionnée en fonction de la combinaison : Apprentissage/ Validation (test), fournissant : 50/26 exemples.

## V.6.6. Validation et résultats de simulation

Une fois le réseau de neurones entraîné (après apprentissage), il est nécessaire de le valider (tester) sur une base de données différente de celle utilisée pour l'apprentissage. Cette validation permet à la fois d'apprécier les performances du système neuronal et de détecter le type de données qui pose problème. Si les performances ne sont pas satisfaisantes, il faudra soit modifier l'architecture du réseau, soit modifier la base d'apprentissage. L'évolution de la fonction d'erreur pendant la phase d'apprentissage se visualise par l'intermédiaire d'un graphe dit graphe de performance (Figure V.2). Ce dernier illustre la convergence du réseau de neurones par rapport à la base d'apprentissage et de validation.

## V.6.7. Amélioration de la généralisation

Un problème qui apparaît lors d'un apprentissage est le problème du sur-apprentissage. Si le réseau de neurone apprend par cœur la base d'apprentissage, il donnera de mauvais résultats quand on lui présentera des données un peu différentes. Pour y remédier, des méthodes existent pour optimiser la phase d'apprentissage afin que le phénomène de sur ou sous apprentissage disparaisse. Afin d'améliorer la performance des réseaux neuronaux multicouches, il est préférable de normaliser les données d'entrée et de sortie de telle sorte qu'elles se trouvent dans l'intervalle [-1 1]. Cette normalisation empêche, d'une part les neurones cachés d'avoir des poids identiques pendant l'apprentissage et d'autre part la saturation du réseau. Or, si les poids de connexions du réseau initial étaient très élevés, les différents neurones du réseau se saturent après quelques itérations d'apprentissage et le réseau subira un blocage dans un minimum local ou dans une région aplatie de la surface d'erreur très proche du point de départ du réseau.

Notons qu'un réseau de neurones est jugé « bon » lorsque il généralise bien, en d'autres termes il doit avoir un pouvoir de généralisation élevé, c'est-à-dire lorsqu'on passe à la phase de validation, l'erreur doit être acceptable avec un bon taux de réussite. Les valeurs utilisées pour la validation sont différentes de celles présentées au réseau pour la phase d'apprentissage afin de vérifier le pouvoir de généralisation.

Les valeurs du coefficient de corrélation sont utilisées comme indice de signification des modèles et d'ajustement de ces derniers.

## V.7. Optimisation de l'architecture du modèle de réseau de neurones

### V.7.1. Description de la méthode RSM

La détermination de l'architecture du réseau de neurones est indispensable pour la réussite du système de surveillance proposé voire sa fiabilité et sa robustesse. Pour cette tache et afin de mettre en évidence l'investigation de l'architecture optimale de notre modèle, la méthode de la surface de réponse associée à la démarche de la fonction de désirabilité ainsi qu'à la méthode de planification des essais de Taguché sont utilisées.

La méthodologie des surfaces de réponse (RSM) est une technique statistique empirique utilisée pour l'analyse de régression multiple des données quantitatives obtenues à partir des expériences statistiquement conçues en résolvant les équations multivariables simultanément. La représentation graphique de ces équations s'appelle surfaces de réponse, et permet de décrire l'effet individuel et cumulatif des variables d'essai sur la réponse et de déterminer l'interaction mutuelle entre les variables d'essai et leur effet sur la réponse. L'objectif principal de la RSM est de déterminer les réponses optimales pour un système donné qui satisfasse les variables indépendantes. Le concept de surface de réponse modélise une variable dépendante Y, dite variable de réponse, en fonction d'un certain nombre de variables indépendantes (facteurs), $X_1$ , $X_2$ , ..., $X_k$ (nombre des couches cachées, nombre de neurones dans chaque couche, fonctions d'activation...), permettant d'analyser l'influence et l'interaction de ces dernières sur la réponse. On peut ainsi écrire le modèle pour une réponse donnée (Y) sous la forme suivante :

$$Y = a_0 + \sum_{i=1}^{n} a_i X_i + \sum_{i=1}^{n} a_{ii} X_i^2 + \sum_{i<j}^{n} a_{ij} X_i X_j \qquad (V.1)$$

Où $Y$ est la réponse observée (les coefficients de corrélation de la phase d'apprentissage, de la phase de test et global ainsi que l'erreur quadratique moyenne (MSE)), $a_0$, $a_i$, $a_{ij}$, $a_{ii}$ représentent respectivement le terme constant, les coefficients des termes linéaires, des termes représentant les interactions entre variables et des termes quadratiques. Les Xi représentent les variables indépendantes et n représente leur nombre (dans notre cas les variables indépendantes sont cinq dans le cas du réseau neuronal avec un algorithme d'apprentissage de type : rétropropagation du gradient d'erreur avec « momentum » et trois dans le cas du réseau neuronal avec un algorithme d'apprentissage de type : rétropropagation du gradient d'erreur associé à l'algorithme de Levenberg-Marquardt.

La méthodologie des surfaces de réponse (RSM) pourra être résumée en trois étapes essentielles. Une première, durant laquelle le nombre et les niveaux des paramètres à tester sont choisis. Des modèles seront proposés et leurs validités discutées. Une deuxième étape, basée sur l'utilisation des graphes des effets des facteurs, permettra d'évaluer les effets des différentes variables neuronales sur les performances de la réponse. Enfin, en dernière étape, une démarche d'optimisation sera réalisée grâce à l'optimisation multi-objective des différentes performances du réseau de neurones à savoir : le coefficient de corrélation d'apprentissage, le coefficient de corrélation du test (validation), le coefficient de corrélation global et l'erreur quadratique moyenne (MSE).

Le problème d'optimisation traité dans l'actuel travail est de type multi-objectif. Dans cette recherche, deux tables orthogonales de Taguchi: L27 ($3^5$) et L9 ($3^3$) sont adoptés comme plans de scénario. Les variables à étudier et l'attribution des niveaux respectifs sont indiqués dans le tableau V.3.

| Niveau | A<br>$N^{bre}$ de couches cachées | B<br>$N^{bre}$ de neurones dans la couche cachée | C<br>Taux d'apprentissage (Ir) | D<br>Momentum (Mc) | E<br>Fonctions d'activation |
|---|---|---|---|---|---|
| 1 | 1 | 1 | 0.1 | 0.1 | logsig |
| 2 | 3 | 9 | 0.5 | 0.5 | tansig |
| 3 | 5 | 18 | 0.9 | 0.9 | purelin |

(a)

| Niveau | A<br>Nbre de couches cachées | B<br>Nbre de neurones dans la couche cachée | C<br>Fonctions d'activation |
|---|---|---|---|
| 1 | 1 | 1 | logsig |
| 2 | 3 | 9 | tansig |
| 3 | 5 | 18 | purelin |

(b)

**Tableau V.3 :** Variables indépendantes et leurs niveaux avec algorithme d'apprentissage de type :
a) rétropropagation du gradient d'erreur avec « momentum ».
b) rétropropagation du gradient d'erreur associé à l'algorithme de Levenberg-Marquardt.

| Variables codées | | | | | $R_A$ | $R_V$ | $R_G$ | MSE |
|---|---|---|---|---|---|---|---|---|
| A | B | C | D | E | | | | |
| 1 | 1 | 0.1 | 0.1 | 1 | 0.40190 | 0.38481 | 0.396240 | 0.10729 |
| 1 | 1 | 0.1 | 0.1 | 2 | 0.42179 | 0.42975 | 0.424450 | 0.12297 |
| 1 | 1 | 0.1 | 0.1 | 3 | 0.41486 | 0.48043 | 0.432800 | 0.09730 |
| 1 | 9 | 0.5 | 0.5 | 1 | 0.41680 | 0.53140 | 0.449720 | 0.09522 |
| 1 | 9 | 0.5 | 0.5 | 2 | 0.52894 | 0.59410 | 0.548140 | 0.08000 |
| 1 | 9 | 0.5 | 0.5 | 3 | 0.62187 | 0.54996 | 0.598350 | 0.06962 |
| 1 | 18 | 0.9 | 0.9 | 1 | 0.49379 | 0.51800 | 0.500880 | 0.08322 |
| 1 | 18 | 0.9 | 0.9 | 2 | 0.58116 | 0.62024 | 0.594030 | 0.07333 |
| 1 | 18 | 0.9 | 0.9 | 3 | 0.38399 | 0.48315 | 0.416990 | 3.55086 |
| 3 | 1 | 0.5 | 0.9 | 1 | 0.43410 | 0.41283 | 0.427000 | 0.09703 |
| 3 | 1 | 0.5 | 0.9 | 2 | 0.30376 | 0.34542 | 0.317530 | 0.28027 |
| 3 | 1 | 0.5 | 0.9 | 3 | 0.34204 | 0.34024 | 0.341440 | 0.10839 |
| 3 | 9 | 0.9 | 0.1 | 1 | 0.56426 | 0.53354 | 0.554060 | 0.07387 |
| 3 | 9 | 0.9 | 0.1 | 2 | 0.64401 | 0.58530 | 0.624540 | 0.06707 |
| 3 | 9 | 0.9 | 0.1 | 3 | 0.12540 | 0.12540 | 0.125400 | 0.00264 |
| 3 | 18 | 0.1 | 0.5 | 1 | 0.60824 | 0.60116 | 0.605820 | 0.07021 |
| 3 | 18 | 0.1 | 0.5 | 2 | 0.67424 | 0.65660 | 0.668330 | 0.06423 |
| 3 | 18 | 0.1 | 0.5 | 3 | 0.12640 | 0.12460 | 0.125760 | 0.00264 |
| 5 | 1 | 0.9 | 0.5 | 1 | 0.30480 | 0.34014 | 0.316420 | 0.14215 |
| 5 | 1 | 0.9 | 0.5 | 2 | 0.31520 | 0.22757 | 0.285980 | 0.31763 |
| 5 | 1 | 0.9 | 0.5 | 3 | 0.34341 | 0.28039 | 0.322400 | 0.11726 |
| 5 | 9 | 0.1 | 0.9 | 1 | 0.56496 | 0.54550 | 0.558400 | 0.07379 |
| 5 | 9 | 0.1 | 0.9 | 2 | 0.56470 | 0.53778 | 0.555710 | 0.07375 |
| 5 | 9 | 0.1 | 0.9 | 3 | 0.12540 | 0.12540 | 0.125400 | 0.00264 |
| 5 | 18 | 0.5 | 0.1 | 1 | 0.62220 | 0.60462 | 0.616420 | 0.06902 |
| 5 | 18 | 0.5 | 0.1 | 2 | 0.64792 | 0.64792 | 0.637785 | 0.06670 |
| 5 | 18 | 0.5 | 0.1 | 3 | 0.12540 | 0.12540 | 0.125400 | 0.00264 |

(a)

| Variables codées | | | $R_A$ | $R_V$ | $R_G$ | MSE |
|---|---|---|---|---|---|---|
| A | B | C | | | | |
| 1 | 1 | 1 | 0.69080 | 0.54760 | 0.63334 | 0.20686 |
| 1 | 9 | 2 | 0.99032 | 0.96986 | 0.98161 | 0.00086 |
| 1 | 18 | 3 | 0.90521 | 0.86032 | 0.88626 | 0.06263 |
| 3 | 1 | 2 | 0.48967 | 0.29501 | 0.41084 | 0.30560 |
| 3 | 9 | 3 | 0.89207 | 0.88216 | 0.87102 | 0.07263 |
| 3 | 18 | 1 | 0.97032 | 0.94986 | 0.96161 | 0.02086 |
| 5 | 1 | 3 | 0.70545 | 0.55894 | 0.64692 | 0.19828 |
| 5 | 9 | 1 | 0.96637 | 0.94449 | 0.95706 | 0.03086 |
| 5 | 18 | 2 | 0.14741 | 0.11521 | 0.13362 | 3.36826 |

(b)

**Tableau V.4 :** Résultats de simulation par réseaux de neurones avec algorithme d'apprentissage de type :
a) rétropropagation du gradient d'erreur avec « momentum ».
b) rétropropagation du gradient d'erreur associé à l'algorithme de Levenberg-Marquardt.

## V.7.2. Résultats du problème d'optimisation de l'architecture du modèle neuronal

L'optimisation d'une réponse ou la recherche d'un compromis entre plusieurs réponses consiste à définir au sein du domaine de recherche un réglage des facteurs permettant de satisfaire au mieux les exigences énoncées en termes de réponse. Dans le but d'optimiser l'architecture du modèle neuronal chaque paramètre dans la conception (RSM) a été étudié à trois niveaux différents. Ce choix (3 niveaux) pour chaque variable est exigé par cette conception afin d'explorer la région de la surface de réponse à proximité de l'optimum. L'optimisation des réponses par RSM aide à identifier la combinaison des paramètres de variables d'entrée qui optimisent une réponse unique ou un ensemble de réponses. Une optimisation commune doit satisfaire aux conditions requises pour toutes les réponses de l'ensemble. L'optimisation de réponses multiples est une méthode permettant un compromis entre diverses réponses. La désirabilité globale (D) indique dans quelle mesure on a satisfait aux objectifs combinés pour toutes les réponses. Elle est comprise entre zéro et un. Un (1) représente le cas idéal, zéro (0) indique qu'une ou plusieurs réponses se situent en dehors des limites acceptables.

Le tableau V.5 montre les résultats de l'optimisation par RSM de l'architecture du modèle de réseau de neurones. L'architecture optimale obtenue dans le cas du modèle de réseau de neurones à algorithme

d'apprentissage de type : Rétropropagation du gradient d'erreur avec « momentum » est :
*51-18-18-18-18- 48 à quatre couches cachées, avec : lr = 0.3. Mc = 0.5 ;*
*le nombre de neurones dans chaque couche cachée est 18 ;*
*la combinaison des fonctions d'activations est :*
*'tansig'/ 'logsig'/ 'logsig'/ 'logsig'/ 'logsig'/'Purelin' ;*
$R_A = 0.6935$, $R_V = 0.6756$, $R_G = 0.6859$, *MSE = 0.0074.*

L'architecture optimale obtenue dans le cas du modèle de réseau de neurones à algorithme d'apprentissage de type : Rétropropagation du gradient d'erreur associé à l'algorithme de Levenberg-Marquardt est :
*51-9-48 à une seule couche cachée ;*
*le nombre de neurones dans la couche cachée est 9 ;*
*la combinaison des fonctions d'activations est :*
*'tansig'/ 'tansig'/'Purelin' ;*
$R_A = 0.9903$, $R_V = 0.9699$, $R_G = 0.9816$, *MSE = 0.0009.*

| Réponses | Objectifs | Solution globale | | | | | Valeur inférieure | Cible | Valeur supérieure | Réponses prévues | Désirabilité individuelle |
|---|---|---|---|---|---|---|---|---|---|---|---|
| | | A | B | C | D | E | | | | | |
| $R_A$ | Maximum | 4 | 18 | 0.3 | 0.2 | logsig | 0.5 | 0.7 | - | 0.6935 | 1 |
| $R_V$ | Maximum | 4 | 18 | 0.3 | 0.2 | logsig | 0.5 | 0.6 | - | 0.6756 | 1 |
| $R_G$ | Maximum | 4 | 18 | 0.3 | 0.2 | logsig | 0.5 | 0.7 | - | 0.6859 | 1 |
| MSE | Minimum | 4 | 18 | 0.3 | 0.2 | logsig | - | 0.01 | 0.1 | 0.0074 | 1 |

$R_A$, $R_V$, $R_G$ : coefficients de corrélation d'apprentissage, de validation et global.

(a)

| Réponses | Objectifs | Solution globale | | | Valeur inférieure | Cible | Valeur supérieure | Réponses prévues | Désirabilité individuelle |
|---|---|---|---|---|---|---|---|---|---|
| | | A | B | E | | | | | |
| $R_A$ | Maximum | 1 | 9 | Tansig | 0.8 | 0.98 | - | 0.9903 | 1 |
| $R_V$ | Maximum | 1 | 9 | Tansig | 0.8 | 0.96 | - | 0.9699 | 1 |
| $R_G$ | Maximum | 1 | 9 | Tansig | 0.8 | 0.97 | - | 0.9816 | 1 |
| MSE | Minimum | 1 | 9 | Tansig | 0.001 | 0.01 | 0.1 | 0.0009 | 1 |

$R_A$, $R_V$, $R_G$ : coefficients de corrélation d'apprentissage, de validation et global.

(b)

**Tableau V.5 :** Optimisation de l'architecture du réseau neurones avec algorithme d'apprentissage type :
(a) rétropropagation du gradient d'erreur avec « momentum ».
(b) rétropropagation du gradient d'erreur Associé à l'algorithme de Levenberg- Marquardt.

Les résultats présentés sur le tableau V.5 montrent que l'architecture optimale du modèle de réseau de neurones qu'on doit utiliser pour la modélisation de l'usure est : *5-9-3* dont elle est caractérisée par :
– Une seule couche cachée ;
– Nombre de neurones dans la couche cachée est 9 ;
– La combinaison des fonctions d'activations est :
*'tansig'/ 'tansig'/'Purelin'*;
– Un algorithme d'apprentissage de type : rétropropagation du gradient d'erreur associé à l'algorithme de Levenberg-Marquardt.

La courbe d'apprentissage de la figure V.2 atteint rapidement la convergence désirée avec l'algorithme Levenberg-Marquardt. Cette convergence est atteinte avec seulement 65 itérations (temps d'apprentissage total ne dépasse pas quelques secondes), ce qui est très court en comparaison à d'autres méthodes d'apprentissage.

La valeur du coefficient de corrélation global pour le modèle de réseau de neurones de l'usure est de 97.134%. Cette valeur admet une signification relativement excellente du modèle et un très bon ajustement aux données expérimentales.

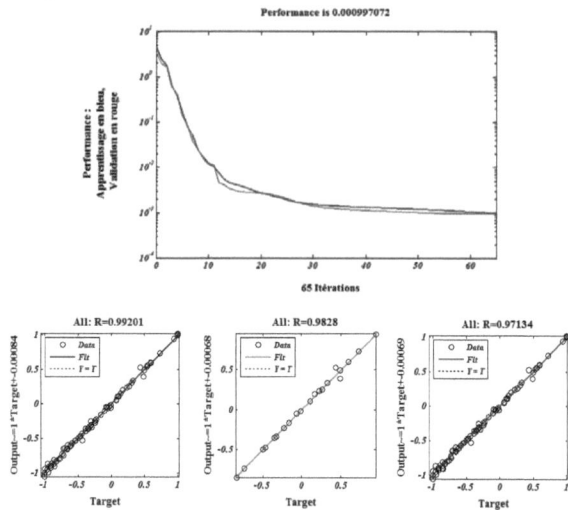

**Figure V.2** : Performance du réseau de neurones avec l'architecture optimale obtenue avec un algorithme d'apprentissage de type : Rétropropagation du gradient d'erreur associé à l'algorithme de Levenberg-Marquardt.

## V.8. Classification de l'usure en dépouille VB

Les étapes de démarche mise en œuvre pour la mise au point d'un modèle neuronal de classification de l'usure des outils de coupe sont synthétisées comme suit :
- Collection des signaux vibratoires et des efforts de coupe (variables indépendantes « couche d'entrée ») ;
- Segmentation des signaux (8 segments) ;
- Calcul des indicateurs pour chaque segment ;
- Représentation (codification en code binaire) des différents seuils de l'usure en dépouille VB (variables réponses « couche de sortie ») ;
- Exécution du modèle neuronal et détermination du taux de réussite.

### V.8.1. Critère de fiabilité du réseau neuronal

Afin de quantifier la qualité de prédiction trois indicateurs sont utilisés en l'occurrence :
1. Le taux de réussite du réseau conçu ;
2. L'erreur moyenne quadratique *MSE* (performance du réseau) ;
3. Les coefficients de corrélation.

Le taux de réussite du réseau de neurones est le ratio des nombre de seuils d'usure détectés par rapport à leur nombre total. Dans le présent travail, on a opté pour une incertitude absolue de ± 20% donc le taux de réussite appartient à l'intervalle [80% 120%].

A savoir que :

■ Pour les valeurs « 1 » de la chaine de codification des seuils d'usure VB : si cette valeur est égale à $1^{\pm 0.2}$, le test est positif et le modèle neuronal permet de prédire avec succès.

■ Pour les valeurs « 0 » de la chaine de codification des seuils d'usure VB: si cette valeur est égale à $0^{\pm 0.2}$, le test est positif et le modèle neuronal permet de prédire avec succès.

### V.8.2. Résultats de la classification

Les résultats de la classification des défauts étudiés par le modèle du réseau de neurones à architecture optimale (apprentissage/ test) sont donnés dans une énorme matrice qui ne peut être présentée dans ce manuscrit.

### V.8.3. Analyse et discussion des résultats

Les résultats obtenus prouvent que le modèle neuronal utilisé pour la classification de l'usure des outils de coupe a montré une robustesse excellente. Cette robustesse est justifiée non seulement par son taux de réussite mais aussi par la qualité des informations tirées des résultats trouvés. En effet, dans la 3$^{\text{ème}}$ passe du régime 9 (Tableau V.6) on remarque que la valeur VB = 0.241 correspond à la codification de l'usure 0.24 mais, suite à la réponse du modèle neuronal elle s'avère correspondre à la codification de l'usure 0.18 qui est la valeur qui précède 0.24, ceci peut être justifié par le fait que l'acquisition des signaux s'achève avant la fin de la passe, ceci fait objet de preuve de robustesse pour ce modèle.

D'après le tableau des réponses données par le modèle neuronal (Tableau V.7), on a constaté plusieurs écaillages qui se sont produits sur les plaquettes de CBN tout au long de la phase d'expérimentation. Le premier est apparu sur la face de coupe de la 2$^{\text{ème}}$ passe du régime 1, le kurtosis a révélé un bond, l'effort de coupe a montré une baisse due au changement de la géométrie de l'outil par suite de l'augmentation de l'angle de coupe. Les trois autres écaillages sont observés au cours de l'usinage des passes suivantes : deuxième passe du troisième régime, deuxième passe du quatrième régime et troisième passe du huitième régime (R3-P2, R4-P2 et R8-P3), ils se sont constitués sur les faces en dépouille des plaquettes correspondantes. Le kurtosis est toujours le témoin principal des ces écaillages, il est renforcé par les efforts de coupe (particulièrement l'effort de pénétration) qui subissent une augmentation due cette fois ci à l'augmentation de la surface de contact outil/pièce.

L'application du modèle de réseau de neurones en vue de détecter l'usure a permis de donner de bons résultats. Les taux mentionnés sur le tableau indiquent que le modèle a pu détecter l'usure avec précision. D'abord, la direction de l'accélération radiale a emporté la première place en matière de détection de l'usure devant celle tangentielle. En plus, on constate que la détection est meilleure encore lorsqu'on considère les signaux indifféremment de leurs directions ; une information ratée par un signal dans une direction peut être captée par celui dans une autre direction.

D'autres parts, Les indicateurs scalaires ont permis la détection de l'usure avec des taux individuels ayant un minimum supérieur à 73%. En outre, l'énergie et le kurtosis présentent un taux de réussite maximal de

84.21% chacun. En considérant les six indicateurs simultanément, on aperçoit que les taux de réussite de la détection de l'usure augmentent sensiblement pour atteindre 76.32% dans la direction tangentielle, 81.58% dans la direction radiale et 94,74% dans les deux.

| Régimes | Passes | Direction considérée | Détection de l'usure par les indicateurs | | | | | | | Remarques |
|---|---|---|---|---|---|---|---|---|---|---|
| | | | RMS | FC | VC | E | K | P | Les 6 Indicateurs | |
| Régime 1 | P 11 | R | 1 | 1 | 0 | 1 | 1 | 1 | 1 | |
| | | T | 1 | 0 | 0 | 0 | 0 | 1 | 1 | |
| | | T / R | 1 | 1 | 0 | 1 | 1 | 1 | 1 | |
| | P 12 | R | 1 | 1 | 1 | 1 | 1 | 0 | 1 | Ecaillage |
| | | T | 0 | 0 | 0 | 0 | 0 | 0 | 0 | |
| | | T / R | 1 | 1 | 1 | 1 | 1 | 0 | 1 | |
| | P 13 | R | 1 | 1 | 1 | 1 | 1 | 1 | 1 | |
| | | T | 1 | 1 | 1 | 1 | 1 | 1 | 1 | |
| | | T / R | 1 | 1 | 1 | 1 | 1 | 1 | 1 | |
| | P 14 | R | 1 | 1 | 1 | 1 | 1 | 1 | 1 | |
| | | T | 1 | 0 | 0 | 0 | 0 | 1 | 1 | |
| | | T / R | 1 | 1 | 1 | 1 | 1 | 1 | 1 | |
| Régime 2 | P 21 | R | 0 | 0 | 0 | 0 | 0 | 0 | 0 | |
| | | T | 0 | 0 | 0 | 0 | 0 | 0 | 0 | |
| | | T / R | 0 | 0 | 0 | 0 | 0 | 0 | 0 | |
| | P 22 | R | 1 | 1 | 1 | 1 | 1 | 1 | 1 | |
| | | T | 1 | 1 | 1 | 1 | 1 | 1 | 1 | |
| | | T / R | 1 | 1 | 1 | 1 | 1 | 1 | 1 | |
| | P 23 | R | 1 | 1 | 1 | 1 | 1 | 1 | 1 | |
| | | T | 1 | 1 | 1 | 1 | 1 | 1 | 1 | |
| | | T / R | 1 | 1 | 1 | 1 | 1 | 1 | 1 | |
| Régime 3 | P 31 | R | 1 | 1 | 1 | 1 | 1 | 0 | 1 | |
| | | T | 1 | 1 | 1 | 1 | 1 | 1 | 1 | |
| | | T / R | 1 | 1 | 1 | 1 | 1 | 1 | 1 | |
| | P 32 | R | 1 | 1 | 1 | 1 | 1 | 0 | 1 | Ecaillage |
| | | T | 0 | 0 | 0 | 0 | 0 | 0 | 0 | |
| | | T / R | 1 | 1 | 1 | 1 | 1 | 0 | 1 | |
| | P 33 | R | 1 | 1 | 1 | 1 | 1 | 1 | 1 | |
| | | T | 1 | 0 | 1 | 1 | 0 | 1 | 1 | |
| | | T / R | 1 | 1 | 1 | 1 | 1 | 1 | 1 | |
| | P 34 | R | 1 | 1 | 1 | 1 | 1 | 1 | 1 | |
| | | T | 1 | 0 | 0 | 1 | 1 | 0 | 1 | |
| | | T / R | 1 | 1 | 1 | 1 | 1 | 1 | 1 | |
| | P 35 | R | 0 | 1 | 0 | 1 | 0 | 0 | 1 | |
| | | T | 0 | 0 | 0 | 0 | 0 | 0 | 0 | |
| | | T / R | 0 | 1 | 0 | 1 | 0 | 0 | 1 | |

| Régime | P | | 1 | 2 | 3 | 4 | 5 | 6 | Σ | Note |
|---|---|---|---|---|---|---|---|---|---|---|
| **Régime 4** | P 41 | R | 1 | 1 | 1 | 1 | 1 | 1 | **1** | |
| | | T | 0 | 0 | 0 | 0 | 0 | 0 | **0** | |
| | | T / R | 1 | 1 | 1 | 1 | 1 | 1 | **1** | |
| | P 42 | R | 0 | 1 | 1 | 1 | 1 | 1 | **1** | **Ecaillage** |
| | | T | 0 | 0 | 0 | 0 | 0 | 0 | **0** | |
| | | T / R | 0 | 1 | 1 | 1 | 1 | 1 | **1** | |
| | P 43 | R | 1 | 1 | 1 | 1 | 1 | 1 | **1** | |
| | | T | 1 | 1 | 1 | 1 | 1 | 1 | **1** | |
| | | T / R | 1 | 1 | 1 | 1 | 1 | 1 | **1** | |
| | P 44 | R | 1 | 1 | 1 | 1 | 1 | 1 | **1** | |
| | | T | 1 | 1 | 1 | 1 | 1 | 1 | **1** | |
| | | T / R | 1 | 1 | 1 | 1 | 1 | 1 | **1** | |
| **Régime 5** | P 51 | R | 0 | 0 | 0 | 0 | 0 | 0 | **0** | |
| | | T | 1 | 1 | 1 | 1 | 0 | 1 | **1** | |
| | | T / R | 1 | 1 | 1 | 1 | 0 | 1 | **1** | |
| | P 52 | R | 0 | 0 | 0 | 0 | 1 | 0 | **1** | |
| | | T | 0 | 0 | 0 | 0 | 0 | 0 | **0** | |
| | | T / R | 0 | 0 | 0 | 0 | 1 | 0 | **1** | |
| | P 53 | R | 1 | 1 | 1 | 1 | 1 | 1 | **1** | |
| | | T | 1 | 1 | 1 | 1 | 1 | 1 | **1** | |
| | | T / R | 1 | 1 | 1 | 1 | 1 | 1 | **1** | |
| | P 54 | R | 1 | 1 | 1 | 1 | 1 | 1 | **1** | |
| | | T | 1 | 1 | 1 | 1 | 1 | 1 | **1** | |
| | | T / R | 1 | 1 | 1 | 1 | 1 | 1 | **1** | |
| | P 55 | R | 1 | 1 | 1 | 1 | 1 | 1 | **1** | |
| | | T | 1 | 1 | 1 | 1 | 1 | 1 | **1** | |
| | | T / R | 1 | 1 | 1 | 1 | 1 | 1 | **1** | |
| **Régime 6** | P 61 | R | 0 | 0 | 0 | 0 | 0 | 0 | **0** | |
| | | T | 1 | 1 | 1 | 1 | 1 | 0 | **1** | |
| | | T / R | 1 | 1 | 1 | 1 | 1 | 0 | **1** | |
| | P 62 | R | 0 | 0 | 0 | 0 | 0 | 0 | **0** | |
| | | T | 0 | 1 | 1 | 1 | 1 | 1 | **1** | |
| | | T / R | 0 | 1 | 1 | 1 | 1 | 1 | **1** | |
| | P 63 | R | 0 | 0 | 0 | 0 | 1 | 0 | **1** | |
| | | T | 0 | 0 | 0 | 0 | 0 | 0 | **0** | |
| | | T / R | 0 | 0 | 0 | 0 | 1 | 0 | **1** | |
| | P 64 | R | 1 | 1 | 1 | 1 | 1 | 1 | **1** | |
| | | T | 0 | 1 | 1 | 1 | 1 | 0 | **1** | |
| | | T / R | 1 | 1 | 1 | 1 | 1 | 1 | **1** | |
| | P 65 | R | 0 | 1 | 1 | 1 | 1 | 0 | **1** | |
| | | T | 1 | 1 | 0 | 1 | 1 | 0 | **1** | |
| | | T / R | 1 | 1 | 1 | 1 | 1 | 0 | **1** | |
| **Régime 7** | P 71 | R | 1 | 0 | 0 | 0 | 0 | 0 | **1** | |
| | | T | 1 | 0 | 0 | 1 | 0 | 0 | **1** | |
| | | T / R | 1 | 0 | 0 | 1 | 0 | 1 | **1** | |
| | P 72 | R | 0 | 0 | 0 | 0 | 0 | 0 | **0** | |
| | | T | 0 | 0 | 0 | 0 | 0 | 0 | **0** | |
| | | T / R | 0 | 0 | 0 | 0 | 0 | 0 | **0** | |

| Régime | Passe | | | | | | | | | | | | | | | | | | | | | | | Remarques |
|---|---|---|---|---|---|---|---|---|---|---|---|---|---|---|---|---|---|---|---|---|---|---|---|---|
| | P 73 | R | 1 | | | 1 | | | 1 | | | 1 | | | 1 | | | 1 | | | **1** | | | |
| | | T | | 1 | | | 1 | | | 1 | | | 1 | | | 1 | | | 1 | | | **1** | | |
| | | T/R | | | 1 | | | 1 | | | 1 | | | 1 | | | 1 | | | 1 | | | **1** | |
| | P 74 | R | 0 | | | 0 | | | 1 | | | 0 | | | 0 | | | 0 | | | **1** | | | |
| | | T | | 0 | | | 0 | | | 1 | | | 0 | | | 1 | | | 1 | | | **1** | | |
| | | T/R | | | 0 | | | 0 | | | 1 | | | 0 | | | 1 | | | 1 | | | **1** | |
| Régime 8 | P 81 | R | 1 | | | 1 | | | 1 | | | 1 | | | 1 | | | 1 | | | **1** | | | |
| | | T | | 1 | | | 1 | | | 1 | | | 1 | | | 1 | | | 1 | | | **1** | | |
| | | T/R | | | 1 | | | 1 | | | 1 | | | 1 | | | 1 | | | 1 | | | **1** | |
| | P 82 | R | 0 | | | 0 | | | 1 | | | 0 | | | 0 | | | 0 | | | **1** | | | |
| | | T | | 0 | | | 0 | | | 1 | | | 0 | | | 1 | | | 1 | | | **1** | | |
| | | T/R | | | 0 | | | 0 | | | 1 | | | 0 | | | 1 | | | 1 | | | **1** | |
| | P 83 | R | 1 | | | 1 | | | 1 | | | 1 | | | 1 | | | 1 | | | **1** | | | Ecaillage |
| | | T | | 0 | | | 1 | | | 1 | | | 1 | | | 1 | | | 0 | | | **1** | | |
| | | T/R | | | 1 | | | 1 | | | 1 | | | 1 | | | 1 | | | 1 | | | **1** | |
| | P 84 | R | 1 | | | 1 | | | 1 | | | 1 | | | 1 | | | 1 | | | **1** | | | |
| | | T | | 1 | | | 1 | | | 1 | | | 1 | | | 1 | | | 1 | | | **1** | | |
| | | T/R | | | 1 | | | 1 | | | 1 | | | 1 | | | 1 | | | 1 | | | **1** | |
| | P 91 | R | 1 | | | 1 | | | 1 | | | 1 | | | 1 | | | 1 | | | **1** | | | |
| | | T | | 0 | | | 0 | | | 0 | | | 0 | | | 0 | | | 1 | | | **1** | | |
| | | T/R | | | 1 | | | 1 | | | 1 | | | 1 | | | 1 | | | 1 | | | **1** | |
| | P 92 | R | 0 | | | 0 | | | 0 | | | 0 | | | 0 | | | 0 | | | **0** | | | |
| | | T | | 1 | | | 1 | | | 1 | | | 1 | | | 1 | | | 1 | | | **1** | | |
| | | T/R | | | 1 | | | 1 | | | 1 | | | 1 | | | 1 | | | 1 | | | **1** | |
| Régime 9 | P 93 | R | 0 | | | 0 | | | 0 | | | 0 | | | 0 | | | 0 | | | **0** | | | |
| | | T | | 1 | | | 0 | | | 0 | | | 1 | | | 0 | | | 1 | | | **1** | | |
| | | T/R | | | 1 | | | 0 | | | 0 | | | 1 | | | 0 | | | 1 | | | **1** | |
| | P 94 | R | 0 | | | 1 | | | 1 | | | 1 | | | 1 | | | 1 | | | **1** | | | |
| | | T | | 0 | | | 0 | | | 0 | | | 0 | | | 0 | | | 1 | | | **1** | | |
| | | T/R | | | 0 | | | 0 | | | 1 | | | 1 | | | 1 | | | 1 | | | **1** | |
| **Total** | | | 23 | 22 | 28 | 26 | 19 | 30 | 26 | 21 | 30 | 26 | 23 | 32 | 27 | 21 | 32 | 21 | 23 | 29 | **31** | **29** | **36** | |

**Tableau V.6** : Résultats de détection de l'usure des outils de coupe par les différents indicateurs

| Passe | Direction de l'accélération | RMS | FC | VC | E | K | P | Usure VB | Remarques |
|---|---|---|---|---|---|---|---|---|---|
| R1-P2 | Radiale | 1 | 1 | 1 | 1 | 1 | 0 | 0.181 | Ecaillage de la face de coupe (la plus grande valeur est celle du |
| R3-P2 | Radiale | 1 | 1 | 1 | 1 | 1 | 0 | 0.183 | Ecaillage de la face d'attaque (la plus grande valeur est celle du |
| R4-P2 | Radiale | 0 | 1 | 1 | 1 | 1 | 1 | 0.162 | Ecaillage de la face d'attaque (la plus grande valeur est celle du |
| R8-P3 | Radiale | 1 | 1 | 1 | 1 | 1 | 1 | 0.239 | Ecaillage de la face d'attaque (la plus grande valeur est celle du |

**Tableau V.7** : Différents écaillages détectés

## V.9. Conclusion

Les résultats obtenus au cours de cette démarche (Tableau V.8) sont des résultats très satisfaisants. Le taux de réussite global du modèle neuronal (système de surveillance et d'aide au diagnostic) développé avec la configuration jugée optimale est de l'ordre de 94.74% pour la détermination de l'état des outils de coupe (les seuils d'usure en dépouille VB), de l'ordre de 100% pour la détermination du phénomène d'écaillage. En outre, Le taux de réussite a atteint un pourcentage de 81.58% dans la direction de l'accélération radiale et 76.32% dans celle tangentielle. Néanmoins le système n'a pas été testé en temps réel dans un processus de surveillance des machines étudiées ce qui rend ce taux de réussite spécifique à l'état ''off-line''.

| Direction de l'accélération | Taux de réussite de la détection de l'usure en utilisant : | | | | | | Les 6 indicateurs simultanément (%) |
|---|---|---|---|---|---|---|---|
| | Chaque indicateur individuellement (%) | | | | | | |
| | RMS | FC | VC | E | K | P | |
| Radiale | 60.53 | 68.42 | 68.42 | 68.42 | 71.05 | 55.26 | **81.58** |
| Tangentielle | 57.89 | 50.00 | 55.26 | 60.53 | 55.26 | 60.53 | **76.32** |
| Radiale / Tangentielle | 73.68 | 78.95 | 78.95 | 84.21 | 84.21 | 76.32 | **94.74** |

**Tableau V.8** : Résumé des résultats des taux de réussite de la détection de l'usure des outils de coupe.

# CONCLUSION GENERALE

La première partie de ce travail de recherche présente les résultats d'une étude expérimentale de l'effet des paramètres de coupe (vitesse de coupe, avance, profondeur de passe et temps d'usinage) sur les variables de sortie (efforts de coupe, rugosité de surface, tenue et usure de l'outil) en tournage dur de finition de l'acier à roulement AISI 52100 (60HRC) avec l'outil CBN. Le travail porte sur l'analyse et la modélisation des variables de sortie basées sur les méthodologies de surface de réponse et des réseaux de neurones artificiels (ANN). La technique d'optimisation de la désirabilité composée associée aux modèles quadratiques de la méthodologie de surface de réponse (RSM) est utilisée comme méthode d'optimisation multi-objective pour trouver les valeurs optimales des paramètres de coupe qui permettent d'optimiser simultanément les variables de sortie. D'après les résultats trouvés, les conclusions suivantes ont été tirées:

• Les résultats fournis par le tableau ANOVA et les expériences réalisées pour la validation ont montré tous les deux que les modèles RSM permettent de prédire les valeurs des caractéristiques de performance avec un intervalle de confiance de 95% et un coefficient de détermination élevé (supérieur à 91%).

• La méthodologie de surface de réponse fournit une grande quantité d'informations avec une petite quantité d'expérimentations. Elle semble être une méthodologie adaptée afin d'établir un optimum pour les opérations d'usinage car elle permet de déterminer l'importance de chaque facteur qui affecte le processus. L'utilisation de l'optimisation par surfaces de réponse et la désirabilité composée montre que les valeurs optimales des paramètres d'usinage sont: Vc = 200 m/min, f = 0,08 mm/tr, ap = 0,2mm, t = 2min.

• Le réseau neuronal artificiel à trois couches avec un algorithme d'apprentissage de Levenberg-Marquardt, une couche cachée, fonctions de transfert tangente hyperbolique et linéaire pourrait converger à une excellente précision de sortie après quelques itérations. Le test du réseau après apprentissage a montré une bonne concordance entre les prédictions et les résultats expérimentaux ($R^2 = 98,71\%$ et 98,97%).

• Les modèles obtenus peuvent être utilisés avec succès pour prédire l'usure et la tenue de l'outil, les efforts de coupe et la rugosité de surface à l'intérieur des limites des facteurs étudiés.

• La vitesse de coupe est le paramètre le plus significatif sur l'usure et la tenue de l'outil. L'augmentation de cette variable de coupe conduit à augmenter l'usure des outils et à réduire sa tenue. Il est clair que, en réduisant la vitesse de coupe, l'usure en dépouille peut être contrôlée. D'après les modèles de la tenue de l'outil, il est constaté qu'une augmentation de la vitesse de coupe, avance et profondeur de coupe de 100%, permettra de réduire de tenue de l'outil de 59,14%, 16,02% et 2,16%, respectivement.

• Le mécanisme d'usure dominant de l'outil de coupe CBN pendant le processus de coupe est l'abrasion.

• Les résultats montrent à quel point la rugosité de surface est principalement influencée par l'avance et la vitesse de coupe et elle est faiblement sensible à l'évolution de l'usure de l'outil. En outre, il est souligné que le temps de coupe influence fortement l'usure de l'outil. D'autre part, le temps d'usinage et la profondeur de passe montrent une influence maximale sur les efforts de coupe. Par ailleurs, il est à noter que l'effort de poussée est la composante la plus importante quelle que soit les conditions de coupe, et il est plus sensible à l'angle de coupe négatif et à l'évolution de l'usure de l'outil.

• Les modèles ANN estiment les réponses avec une grande précision comparativement à ceux de RSM.

• Le tournage dur peut potentiellement remplacer de nombreuses opérations de rectification grâce à: une meilleure productivité, une flexibilité accrue, une diminution des dépenses en capital et une réduction des déchets de l'environnement. Finalement, les approches expérimentales et statistiques proposées apportent une méthodologie fiable pour optimiser et améliorer le processus de tournage dur. En outre, il peut être étendu de manière efficace pour étudier d'autres processus d'usinage.

La seconde partie porte sur la mise au point d'un système de surveillance de l'usure des outils de coupe en tournage dur. Les recherches bibliographiques dévoilent que la plus part des travaux menés dans le domaine de la surveillance des défauts, en général, ont conduit à l'élaboration de systèmes a sortie binaire, dont le principal résultat est soit Oui (il y a défaut) soit Non (état sain). Le système de surveillance proposé dans ce travail ne se limite pas à la classification de l'usure mais permet aussi de détecter la présence de l'écaillage des outils de coupe. Une autre originalité de ce système concerne la détermination et l'utilisation d'un modèle neuronal à architecture optimisée. Les résultats trouvés ont abouti aux conclusions suivantes :

• L'utilisation de la méthode neuronale pose certaines difficultés dont la principale est la phase d'apprentissage. Un mauvais choix de l'architecture peut conduire à des performances médiocres pour le réseau correspondant. Ainsi, dans ce travail, plusieurs réseaux ayant des architectures différentes ont été testés jusqu'à atteindre la performance désirée.

La démarche d'optimisation a permis d'aboutir aux résultats suivants :

• L'architecture la plus utilisée est celle des réseaux de neurones de type perceptron multicouches (MLP).

• La méthodologie d'optimisation multi-objective basée sur RSM et la fonction de désirabilité, semble être un outil très consistant et robuste permettant la mise au point d'une configuration optimale pour le réseau MLP. Notons que la méthode a été élaborée tout en tenant compte des performances de chaque configuration, mais aussi en adoptant un compromis entre performances et temps d'exécution. Le nombre des inputs (variables indépendantes) de cette démarche d'optimisation a été optimisé par la méthode de Taguchi.

• La configuration neuronale optimale retenue est la suivante : 51-9-48.

• Réseau neuronal à 3 couches : une couche cachée à 9 neurones.

• La combinaison des fonctions d'activation utilisée est : 'Tansig'/'Tansig'/ 'Purelin'/.

• L'algorithme d'apprentissage est du type : Retro propagation du gradient d'erreur associé à l'algorithme de Levenberg-Marquardt. Ce type d'algorithme interpole l'algorithme de Gauss-Newton et la méthode de descente du gradient. Plus stable que celui de Gauss-Newton, il trouve une solution même s'il a démarré très loin d'un minimum.

• Les paramètres d'apprentissage sont les suivants :

    - Nombre maximum d'itérations (Epochs) = 1000 ;
    - Erreur quadratique moyenne (MSE) = $10^{-8}$ ;
    - Gradient minimum = $10^{-10}$.

• Le modèle neuronal adapté et l'architecture proposée en couches ont permis d'augmenter la probabilité de convergence du réseau dans un temps appréciable et d'aboutir à des résultats très satisfaisants. Les résultats obtenus montrent la faisabilité et l'efficacité de l'utilisation d'un modèle neuronal pour approximer le processus de coupe, mais également l'adaptation de cette approximation aux points de mesure sans restriction du nombre de variables ou de la taille du domaine étudié et sans avoir besoin de savoir préalablement la forme de non linéarité à modéliser.

• Le réseau de neurones permet, avec les mêmes données disponibles, de réaliser une approximation plus précise qu'une régression linéaire multiple.

D'après les réponses données par le modèle neuronal, on a constaté plusieurs écaillages qui se sont produits sur les plaquettes de CBN tout au long de la phase d'expérimentation. Le premier est apparu sur la face de coupe de la passe 2 du régime 1, la valeur du kurtosis a manifesté un bond, alors que l'effort de coupe une baisse, sans doute due au changement de la géométrie de l'outil par suite de l'augmentation de l'angle de coupe. Les trois autres sont observés au cours de l'usinage des passes R3-P2, R4-P2 et R8-P3, ils se sont constitués sur les faces en dépouille des plaquettes correspondantes. Le kurtosis est toujours le témoin principal des ces écaillages, il est renforcé par les efforts de coupe (particulièrement l'effort de pénétration) qui subi une augmentation due cette fois-ci à l'augmentation de la surface de contact outil/pièce.

L'application du modèle de réseau de neurones en vue de détecter l'usure a permis de donner de bons résultats. Les taux de réussite indiquent que le modèle a pu détecter l'usure avec précision. D'abord, la direction de l'accélération radiale a emporté la première place en matière de détection de l'usure devant celle tangentielle. En plus, on constate que la détection est meilleure encore lorsqu'on considère les signaux indifféremment de leurs directions ; une information ratée par un signal dans une direction peut être captée par celui dans une autre direction.

D'autre part, Les indicateurs scalaires ont permis la détection de l'usure avec des taux individuels ayant un minimum supérieur à 73%. En outre, l'énergie et le kurtosis présentent un taux de réussite maximal de 84.21% chacun. En considérant les six indicateurs simultanément, on aperçoit que les taux de réussite de la détection de l'usure augmentent sensiblement pour atteindre 76.32% dans la direction tangentielle, 81.58% dans la direction radiale et 94,74% dans les deux.

# REFERENCES BIBLIOGRAPHIQUES

**[AUGEIX, 2001]** D. AUGEIX. Analyse vibratoire des machines tournantes. *Techniques de l'ingénieur.* 2001. BM 5145.

**[BAGUR, 1999]** F. BAGUR. Matériaux pour outils de coupe. *Techniques de l'ingénieur, Génie mécanique.* ISSN 1762-8768, Octobre 1999, vol. BT1, noBM7080.

**[BARTHA, 2005]** B.B. BARTHA, J. ZAWADZKI, S. CHANDRASEKAR, et T.N. FARRIS. Wear of Hard-Turned AISI 52100 Steel. *Metallurgical and Materials Transactions A.* June 2005, Vol 36, Issue 6, pp 1417-1425.

**[BATTAGLIA, 2002]** J. L. BATTAGLIA, H. ELMOUSSAMI, et L. PUIGSEGUR. Modélisation du comportement thermique d'un outil de fraisage : approche par identification de système non entier. *Comptes Rendus Mécanique.* Décembre 2002, 330(12), pp 857–864.

**[BENBOUZID, 1999]** M. H. BENBOUZID, M. VIEIRA, C. THEYS. Induction motors faults detection and localization using stator current advanced signal processing techniques. *IEEE Transactions on Power Electronics.* January 1999, Vol 14. N°1, pp 14-22.

**[BETZ, 1971]** F. BETZ. La formation des surfaces métallurgiques par coupe. *Bulletin du cercle d'études des métaux.* 1971, n° 10-11, pp 45-58.

**[BISU, 2007]** C. F. BISU. Etude des vibrations auto-entretenues en coupe tridimensionnelle : nouvelle modélisation appliquée au tournage. Thèse de doctorat. *Université Politehnica Bucarest.* Bucarest (Roumanie). Juin 2007.

**[BOUACHA, 2010]** K. Bouacha, M.A. Yallese, T. Mabrouki, J.F. Rigal. Statistical analysis of surface roughness and cutting forces using response surface methodology in hard turning of AISI 52100 bearing steel with CBN tool. *International Journal of Refractory Metals and Hard Materials.* 2010, 28, pp 349–361.

**[BOULENGER, 2007]** A. BOULENGER. Analyse vibratoire en maintenance. *Dunod.* 3° edition, Paris, 2007, P14-17.

**[CALDERON, 1998]** J. CALDERON. Caractérisation dynamique du système Pièce-Outil-Machine : usinage de pièces minces. Thèse de doctorat, INSA de Lyon, 1998, p 221.

**[CERETTI, 2007]** E. Ceretti, L. Filice, D. Umbrello, and F. Micari. ALE Simulation of Orthogonal Cutting: a New Approach to Model Heat Transfer Phenomena at the Tool-Chip Interface. *CIRP Annals - Manufacturing Technology*, 2007, 56(1), pp 69–72.

**[CHEN, 2000]** W. Chen. Cutting forces and surface finish when machining medium hardness steel using CBN tools, *International Journal of Machine Tools* and *Manufacture.* 2000, 40, pp 455–66.

**[CHILDS, 2000]** T. CHILDS, K. MAEKAWA, T. OBIKAWA, and Y. YAMANE. *Metal Machining: Theory and Applications.* John Wiley & Sons Inc. 2000.

**[CHOU, 2002]** Y. K. CHOU, C. J. CHRIS, M. M. BARASH. Experimental investigation on CBN turning of hardened AISI 52100 steel. *Journal of Materials Processing Technology.* 124, 2002, pp 274-283.

**[CRUZ, 1999]** S. M. A. CRUZ, A. J. M. CARDOSO. Rotor cage fault diagnostic in three phase Induction machines by the total instantaneous power spectral analysis. IEEE IAS'99. pp. 1929-1934. Phoenix. Octobre 1999.

**[DELEROI, 1982]** W. DELEROI. Squirrel cage motor with broken bar in the rotor - Physical phenomena and their experimental assessment. Proceeding part 3, September 1982, Budapest.

**[DIMLA, 1997]** Snr D. E. Dimla, P. M. Lister and N. J. Leighton. Neural network solutions to the tool condition monitoring problem in metal cutting — A critical review. *International Journal of Machine Tools and Manufacture.* 40, 1997, pp 1219–1241.

**[DIMLA, 2000]** Snr D. E. Dimla. Sensor signals for tool-wear monitoring in metal cutting operations—A review of methods. *International Journal of Machine Tools and Manufacture.* 40, 2000, pp 1073–1098.

**[DINESH, 2009]** G. B. Dinesh and L. Jeffrey. Streator. A method for obtaining the temperature distribution at the interface of sliding bodies. *Wear.* 266, March 2009, (7-8), pp 721–732,.

**[ESTOCQ, 2004]** P. ESTOCQ. Une approche méthodologique numérique et expérimentale d'aide à la détection et au suivi vibratoire de défauts d'écaillage de roulements à billes. Thèse de Doctorat. Université de Reims Champagne Ardenne. 2004, pp7-8.

**[FILIPPETTI, 1995]** F. FILIPPETTI, G. FRANCESCHINI, C. TASSONI. Neural Networks Aided On-line Diagnostic of Induction Motor Rotor Faults. *IEEE Transaction on Industry Applications.* July/August 1995, vol 31, N°4.

**[GANIER, 1993]** D. GANIER. Les problèmes d'environnement liés à l'utilisation des fluides de coupe. Conf. Fluides de coupe et environnement. *Édition Cétim-Écoméca.* St-Étienne, 6 octobre, 1993.

**[GEKONDE, 2002]** H.O. Gekonde, S.V. Subramanian. Tribology of tool–chip interface and tool wear mechanisms. *Surface and Coatings Technology.* Vol. 149, 2002, pp 151-160.

**[GHASEMPOOR, 1999]** A. GHASEMPOOR, J. JESWIET et T.N. MOORE. Real time implementation of on-line tool condition monitoring in turning. *International Journal of Machine Tools and Manufacture.* 39, 1999, 1883–1902.

**[GROSSBERG, 1973]** S. GROSSBERG. Contour enhancement, short term memory, and constancies in reverberating neural networks. *Studies in Applied Mathematics.* 1973, L11, pp 213-257.

**[GROSSBERG, 1976]** S. GROSSBERG. Adaptive pattern classification and universal recoding : I. Parallel development and coding of neural feature detectors. *Biological Cybernetics.* 23, 1976, 121-134.

**[HAN, 2003]** Y. HAN, H. SONG. Condition monitoring techniques for electrical equipment-Literature survey. *IEEE Transactions on Power Delivery.* Vol 18, N°1, January 2003, pp 4-13.

**[HEBB, 1949]** D. HEBB. The organization of behavior : A neuropsychological theory. Wiley, New York, 1949.

**[HENG, 2002]** J. HENG. Pratique de la maintenance préventive, mécanique, pneumatique, hydraulique, électricité, froid. *Edition DUNOD.* 2002, Paris, pp 3-25.

**[HOPFIELD, 1982]** J. J. HOPFIELD. Neural networks and physical systems with emergent collective computational abilities. *Proceedings of the National Academy of Sciences of the USA.* vol. 79 no. 8, April 1982, pp 2554-2558.

**[ISO 3685, 1993]** ISO 3685. Tool-life testing with single-point turning tools. Second edition, 1993, 11-15.

**[ISO 4287, 1997]** ISO 4287 : Spécifications géométrique des produits – Etat de surface : méthode du profil. Afnor 1997.

**[ISO 4288, 1998]** ISO 4288. Spécifications géométriques des produits – Etat de surface : méthode du profil, règles et procédures pour l'évaluation de l'état de surface. Afnor 1998.

**[ISO 10816, 1995]** ISO 10816-1 first edition 1995 (E). Méchanical vibration - Evaluation of machine vibration by measurements on non-rotating parts – Part 1: General guidelines. 1995.

**[ISPAS, 1999]** C. ISPAS, H. GHEORGHIU, I. PARAUSANU, V. ANGHEL. Vibrations des systèmes Technologiques. Editeur Agir, Série : *Ingénierie Mécanique*, Bucurest, 1999.

**[JAWAHIR, 1993]** I.S. JAWAHIR, C.A. VAN LUTTERVELT. Recent developments in chip control research and applications. *Annals of the CIRP*. Vol. 42, 1993, 659-693.

**[KAGNAYA, 2009]** M. T. KAGNAYA. Contribution à l'identification des mécanismes d'usure d'un WC-6% Co en usinage et par une approche tribologique et thermique 2009.

**[KISTLER, 2005]** KISTLER INSTRUMENTE AG. Kistler measure, analyze, innovate, mesure des efforts de coupe. Suisse 2005, pp 1-33. Site web : www.kistler.com

**[KLEIN, 2009]** SA L. KLEIN. Aciers fins et métaux, Acier pour Roulement à Billes. Version N°7, 2009, P 2. Site web : www.kleinmetals.ch

**[KLOCKE, 2005]** F. KLOCKE, E. BRINKSMEIER, K. WEINERT. Capability profile of hard cutting and grinding processes. *Annals of the CIRP*. 54, 2005, 557–580.

**[KOMANDURI, 2000]** R. KOMANDURI and Z. B. HOU. Thermal modeling of the metal cutting process: Part I –Temperature rise distribution due to shear plane heat source. *International Journal of Mechanical Sciences*, 42(9), September 2000, 1715–1752.

**[KOMANDURI, 2001]** R. KOMANDURI and Z. B. HOU. A review of the experimental techniques for the measurement of heat and temperatures generated in some manufacturing processes and tribology. *Tribology International*. 34(10), October 2001, 653–682,.

**[KÖNIG, 1993]** W. KÖNIG, A. BERKTOLD, F. KOCH. Turning versus grinding-A comparison of surface integrity aspects and attainable accuracies. *Annals of the CIRP*. 1993, Vol 42, 39-43.

**[KOHONEN, 1984]** T. KOHONEN. Self-Organization and Associative Memory. *Springer-Verlag*. New York, 1984.

**[KOHONEN, 1988]** T. KOHONEN. Learning Vector Quantization, Neural Networks. 1 (suppl 1), 303, 1988.

**[KOHONEN, 1995]** T. KOHONEN. Self-Organizing Maps. *Springer-Verlag*. Berlin 1995.

**[LEE, 1996]** J. H. LEE, D. E. KIM et S. J. LEE. Application of neural networks to flank wear prediction. *Mechanical Systems and Signal Processing*. 1996, 10(3), 265-276.

**[LIST, 2004]** G. LIST. Etude des mécanismes d'endommagement des outils carbure WC-CO par la caractérisation de l'interface outil-copeau application à l'usinage à sec de l'alliage d'aluminium aéronautique. Thèse de Doctorat. *Ecole Nationale Supérieure d'Arts et Métiers Centre de Bordeaux*. Décembre 2004.

**[LIU, 1979]** H. LIU. Mechanics of Materials. *The People's Education Press*. 1979.

**[LOLADZE, 1981]** T. LOLADZE. Of the theory of diffusion wear. *Annals of the CIRP*. 1981, Vol 30, n°1, pp 71,76.

**[MATH WORKS, 2007]** MATH WORKS. INC, MatLab R 2007a, 2007.

**[MOISAN, 1998]** A. MOISAN. L'usinage. Les référentiels Dunod, Conception en mécanique industrielle. Août 1998.

**[M'SAOUBI, 2004]** R. M'SAOUBI and H. CHANDRASEKARAN. Investigation of the effects of tool micro-geometry and coating on tool temperature during orthogonal turning of quenched and tempered steel. *International Journal of Machine Tools and Manufacture*. 44(2-3), February 2004, 213–224.

**[NARUKATI, 1979]** N. NARUKATI, Y. YAMANE. Tool wear and cutting temperature of CBN tools in machining of hardened steels. *Annals of the CIRP*. 28, 1979, 23–28.

**[NF E66-520-1, 1997]** NF E66-520-1. Domaine de fonctionnement des outils coupants – Couple outil-matière - Partie 1 : présentation générale. Septembre 1997.

**[NF E66-520-2, 1997]** NF E66-520-2. Domaine de fonctionnement des outils coupants – Couple outil-matière - Partie 2 : description générale. Septembre 1997.

**[NF E66-520-3, 1997]** NF E66-520-3. Domaine de fonctionnement des outils coupants – Couple outil-matière - Partie 3 : application à la technologie de tournage. Septembre 1997.

**[NF E66-520-4, 1997]** NF E66-520-4. Domaine de fonctionnement des outils coupants – Couple outil-matière - Partie 4 : mode d'obtention du couple outil-matière en tournage. Septembre 1997.

**[OPITZ, 1967]** H. OPITZ, W. KÖNIG. On the wear of cutting tools. $8^{th}$ *M.T.D.R Conference*. 1967, Montreal, pp 173-189.

**[PARIZEAU, 2004]** M. PARIZEAU. Réseaux de neurones. Cours à l'université de Laval, 2004.

**[POULACHON, 2004]** G. POULACHON. Usinabilité des matériaux difficiles : Application aux aciers durcis. *Laboratoire des Matériaux et Procédés LaBoMaP*. Bourguignon 2004.

**[POULACHON, 2005]** G. POULACHON, A. ALBERT, M. SCHLURAFF, I.S. JAWAHIR. An experimental investigation of work material microstructure effects on white layer formation in PCBN hard turning. *International Journal of Machine Tools and Manufacture*. vol. 45 issue 2, February, 2005, p 211-218.

**[POULACHON, 1999]** G. POULACHON. Aspects phénomènologiques, mécaniques et métallurgiques en tournage c-BN des aciers durcis. Application : usinabilité de l'acier 100Cr6. Thèse de doctorat. ENSAM de Cluny. Décembre 1999.

**[POULACHON, 2001]** G. POULACHON, A. MOISAN, I.S. JAWAHIR. Tool-wear mechanisms in hard turning with polycrystalline cubic boron nitride tools. *Wear*. 250, 2001, 576–586.

**[RECH, 2001]** J. RECH, M. LECH et J. RICHON. Surface Integrity in Finish Hard Turning of Gears. *Proceedings of the $3^{rd}$ International Conference on High Speed Machining*. Metz, juin 2001, 28-30.

**[REMADNA, 2001]** M. REMADNA. Le comportement du système usinant en tournage dur. Application au cas d'un acier trempé usiné avec des plaquettes CBN (nitrure de bore cubique). 2001

**[ROSENBLATT, 1958]** F. ROSENBLATT. The Perceptron: A Probabilistic Model for Information Storage and Organization in the Brain. *Cornell Aeronautical Laboratory, Psychological Review*, Vol 65, 1958, N° 6, pp 386-408.

**[SANDVIK, 2006]** DOCUMENTATION SANDVIK COROMANT. *Main Catalogue.* 2006. The Official Website of the Sandvik Coromant: http://www.coromant.sandvik.com (accessed April 10, 2007).

**[SCHEFFER, 1969]** B. SCHEFFER. Etat de surface : comparaison des différentes normes nationales. *Rapport de la régie nationale des usines Renault et de la direction générale de la recherche scientifique et technique.* 1969.

**[TAHMI, 2006]** R. TAHMI. Conception optimisée d'un réseau de neurones pour la surveillance en ligne de l'usure des outils coupants. 2006

**[THOMAS, 1981]** T.R. THOMAS. Charactérization of surface roughness. *Précision engineering.* 1981, Vol 3.

**[THOMSON, 1983]** W.T. THOMSON. Failure identification of offshore induction motor using on-line condition monitoring. *Proceedings of Fourth International Reliability Conference,* July 1983, p 1-11.

**[TLUSTY, 1963]** J. TLUSTY, M. POLACEK. The stability of the machine tool against self excited vibrations in machining, International Research in Production Engineering, *ASME.* 1963, pp 465-474.

**[TLUSTY, 1981]** J. TLUSTY, F. ISMAIL. Basic Nonlinearity in Machining Chatter. *Annals of the CIRP.* 30, 1981, 21-25.

**[TOBIAS, 1958]** S.A. TOBIAS, and W. FISHWICK. The Chatter of Lathe Tools Under Orthogonal Cutting Conditions. *Transactions of ASME.* 80, 1958, 1079-1088.

**[TÖNSHOFF, 1995]** H.K. TONSHOFF, H.G. WOBKER, D. BRANDT. Hard turning-influence on the workpiece properties, *Transactions of NAMRI/SME.* 1995, Vol. 23, pp. 215-220.

**[TÖNSHOFF, 2000]** H.K. TÖNSHOFF, C. ARENDT, R. BEN AMOR. Cutting of hardened steel. *Annals of the CIRP.* 49, 2000, 547–566.

**[TRENT, 1977]** E. M. TRENT. Metal cutting. *Butterworths & Co Publishers.* 1977, p 203.

**[TRENT, 2000]** E.M. Trent, P.K. Wright. Metal Cutting. *Butterworth-Heinemann, 4th Edition.* 2000.

**[WIDROW, 1960]** B. WIDROW, M.E. HOFF. Adaptive switching circuits. *In Institute of radio Engineers, Western Electronic Show and CONvention (WESCON).* Convention record, Part 4, 1960, pp 96-104.

**[YAHOUI, 1996]** H. YAHOUI, G. GRELLET. Analysis of harmonica components of the electromagnetic torque of an asynchronous motor with an end ring fault. ICEM 1996. Vol 3. P392.

**[YOUNG, 1995]** H. T. YOUNG and T. L. CHOU. Investigation of edge effect from the chip-back temperature using IR thermographic techniques. *Journal of Materials Processing Technology.* 52(2-4), 1995, 213–224.

**[ZAHOUANI, 1989]** H. ZAHOUANI. Quantification de la topographie tridimensionnelle des surfaces. P.H.D. Université de Besançon. 1989.

**[ZAHOUANI, 1997]** H. ZAHOUANI, R. VARGIOLU, M. DURSAPT, TG. MATHIA. Motifs and spectral characterisation of anisotropic morphology of engineered surfaces. *Incidence in tribology, World tribology congress of London.* 1997.

**[ZUECO, 2006]** J. Zueco and F. Alhama. Inverse estimation of temperature dependent emissivity of solid metals. *Journal of Quantitative Spectroscopy and Radiative Transfer.* 101(1), September 2006, 73–86.

Printed by Books on Demand GmbH, Norderstedt / Germany